手把手教你吃透
AI赛道红利

从0到1
用AI赚钱

高效笑笑 编著

民主与建设出版社
·北京·

© 民主与建设出版社，2025

图书在版编目（CIP）数据

从 0 到 1 用 AI 赚钱：手把手教你吃透 AI 赛道红利 / 高效笑笑编著 . -- 北京：民主与建设出版社，2025.2.（2025.6 重印）
ISBN 978-7-5139-4894-4

Ⅰ．TP18

中国国家版本馆 CIP 数据核字第 2025TD6682 号

从0到1用AI赚钱：手把手教你吃透AI赛道红利
CONG 0 DAO 1 YONG AI ZHUANQIAN：SHOUBASHOU JIAO NI CHITOU AI SAIDAO HONGLI

编　　著	高效笑笑
责任编辑	刘树民
封面设计	仙境设计
出版发行	民主与建设出版社有限责任公司
电　　话	（010）59417749　59419778
社　　址	北京市朝阳区宏泰东街远洋万和南区伍号公馆 4 层
邮　　编	100102
印　　刷	三河市京兰印务有限公司
版　　次	2025 年 2 月第 1 版
印　　次	2025 年 6 月第 2 次印刷
开　　本	710 毫米 ×1000 毫米　　1/16
印　　张	12
字　　数	102 千字
书　　号	ISBN 978-7-5139-4894-4
定　　价	68.00 元

注：如有印、装质量问题，请与出版社联系。

导言

什么是 AI

人工智能（以下简称"AI"），简而言之，是使用计算机和机器模仿人类智慧过程的科技，包括学习（获取信息并根据信息进行规则的制定）、推理（使用规则达到近似或确定的结论）和自我修正。特别是在模式识别和语言处理领域，AI 已展现出超越人类的能力。

从 20 世纪 50 年代初期提出 AI 概念开始，这一领域不断进步。早期的 AI 研究主要集中在问题解决和符号方法上，而如今的 AI 技术，如深度学习和神经网络，正推动着各行各业不断创新发展。

AI 让机器可以执行诸如视觉识别、语言翻译、决策支持等以前只有人类才能完成的复杂任务，它已经悄无声息地渗透到我们的日常生活中。无论是智能家居设备，还是智能助理，都能以惊人的准确性执行主人的命令，这正是 AI 的功劳。在网络购物方面，AI 通过算法分析顾客的点击和购买历史，不仅能推荐商品，还能预测顾客可能感兴趣的新产品。

AI 技术在医疗领域引起的变革尤为显著。AI 系统能够从成千上万的医学影像中学习，辅助医生诊断疾病，大大提高了治疗的有效性。

在金融行业，AI 被用来进行高频交易决策、管理风险，以及检测欺诈行为。

另一方面，AI 技术的快速发展也正在重塑劳动市场。许多以前需要大量手动操作的工作，现在可以通过 AI 来自动化完成。这在极大提高效率的同时，也为传统职业的存续带来了挑战。

与此同时，新的职业机会也正在涌现，这意味着我们需要不断地学习新的技能，以适应不断变化的世界，也意味着了解 AI 的使用方法，让 AI 为我们赋能变得越来越重要。了解并合理地使用 AI，不仅仅是为了提高个人生活和工作学习的效率，更是为了在技术革命中保持竞争力。

但是，想要让 AI 更好地为我们提高工作效率，我们需要的不仅仅是技术知识，更需要高水平的思维力和表达力，AI 虽然强大，但要最大化其效用，关键在于我们能否提出好的问题。接下来，我们将探讨思维力和表达力对使用 AI 的影响，以及如何通过锻炼和应用这些能力来优化我们与 AI 的互动。

目录

第一章 AI 基础技能

1. 思维能力 / 002
2. AI 提示词 / 010
3. 常用 AI 工具 / 021

第二章 AI 办公提效

1. AI+ 工作场景应用 / 028
2. AI+ 业务场景应用 / 053
3. AI 自动化办公工具制作 / 062
4. AI+ 副业 / 066

第三章 AI 写作

1. AI+ 自媒体 / 076
2. AI+ 不同文章类型 / 094
3. AI 辅助写作 & 优化 / 108

第四章　AI 绘图

1. AI 绘图工具及具体操作介绍　　　　　/ 128
2. AI 赚钱案例　　　　　　　　　　　　/ 133

第五章　AI 视频

1. AI 视频生成　　　　　　　　　　　　/ 142
2. AI 视频剪辑　　　　　　　　　　　　/ 144
3. AI 批量生产视频　　　　　　　　　　/ 147
4. 新工具 Sora　　　　　　　　　　　　/ 151

第六章　AI 数字人

1. 什么是数字人，及数字人的应用场景　/ 154
2. 数字人分类及常见的平台　　　　　　/ 156
3. 数字人的制作方式　　　　　　　　　/ 158

第七章　AI 电商

1. AI 拍摄　　　　　　　　　　　　　　/ 162
2. AI 生成产品海报和场景图　　　　　　/ 164
3. AI 选品　　　　　　　　　　　　　　/ 166
4. AI 数据分析　　　　　　　　　　　　/ 168
5. AI 赋能跨境电商　　　　　　　　　　/ 170

第八章　AI 版权及合规性

1. 文字内容　　　　　　　　　　　　　/ 174
2. AI 图像　　　　　　　　　　　　　　/ 178
3. 其他常见风险点　　　　　　　　　　/ 181

结语　迈向 AI 赋能的未来　　　　　/183

第一章

AI 基础技能

思维能力

1.1 思考方法

在 AI 时代,思维能力不仅能让我们在工作和日常生活中做出更明智的决策,还能帮助我们更好地利用技术,是我们与先进技术互动的桥梁。

要想让 AI,如 DeepSeek、ChatGPT,真正为我们服务,关键在于提出问题的思路和方式。对问题的理解和思考的质量直接影响到我们从 AI 获取帮助的效果,提出的问题越清晰、越具体,越可能得到有用的答案。因此,强化思维能力,特别是强化逻辑和思维结构,对于最大化 AI 的潜力至关重要。

那么,思维模式如何影响我们与 AI 的互动呢?

- **批判性思维**:在接受任何信息之前,要质疑其来源和逻辑。这不仅可以帮助我们避免误用 AI 提供的数据,还能帮助我们评估 AI 的建议是否实用。

- **创造性思维**:AI 可以帮助我们处理信息,但创新的想法仍然源于人类的创造力。因此,巧妙结合 AI 的计算能力和人类的创造性思维,可以开发出富有创新性的新技术。

- **系统性思维**:这种思维模式有助于我们在使用 AI 时理解问题的多个方面和它们之间的关系,从而得到更全面的解答。

- **分析性思维**:这种思维模式强调将复杂问题分解为更小、更易管理的部分,帮助我们更细致地理解问题的每个组成部分。在使用 AI 时，这种思维模式能帮助我们精确地定义问题和数据需求，从而获得更准确的结果。

● 合成性思维：合成性思维关注如何将不同的信息和资源组合起来进行创新。在 AI 应用中，这种思维模式可以促进跨领域的创新。

● 逆向思维：从结果反推可能的原因或方法，这种思维模式可以激发我们从不同角度思考问题，帮助我们识别和预防使用 AI 的过程中潜在的问题，或发现有创意的解决方案。

除了以上这些思维模式，我们还可以借助以下结构化的思考框架或方法来组织思路，使我们与 AI 的互动更高效。

● 六何分析法（5W1H）：在分析一个新项目时，问自己这些问题——这是什么？为什么要做？谁会参与？何时开始？在哪里进行？怎样执行？

● 思维导图：准备演讲或做报告时，使用思维导图可以帮助我们清晰地组织和展示主题及其支持点。

● SWOT 分析：在评估一个市场或机会时，分析其优势、劣势、机会和威胁。

● PEST 分析：考虑扩展业务至新地区时，分析政治、经济、社会、技术这四个维度可以揭示关键的外部因素。

● 六顶思考帽：团队讨论时，每个人尝试从不同的思维角度，如乐观、悲观、事实、情感、创新和管理等，来分析问题。

我们学习了不同的思维模式，掌握了不同的思考框架，就像是在与 AI 交流时拥有了"秘密武器",而想要把这些"武器"用得更称手,就需要不断增强自身的硬实力——思维能力。那么,如何快速且有效地提升我们的思维能力呢?

- **思维游戏**:定期玩象棋、数独或逻辑谜题,锻炼逻辑思维和策略规划能力。
- **辩论和讨论**:参与讨论小组或辩论活动,培养从多个角度审视问题的能力。
- **学习新技能**:尝试学习全新的技能,如编程或外语,以激发思维活力,建立新的神经连接,并提升适应新情境的能力。
- **广泛阅读**:多读书,尤其是阅读跨学科的书籍,增加知识储备,并提升信息处理能力。
- **定期写作**:通过写日记或在自媒体平台输出内容等,练习清晰表达思想,提升逻辑思维和结构化表达能力。
- **练习冥想**:通过冥想提升注意力,在处理复杂问题时保持冷静,更加聚焦。
- **参加解谜活动**:如逃脱密室或侦探类游戏,提升问题解决技能和团队协作能力。
- **参与实际项目**:将理论知识应用到现实项目中,增强理解力和实操能力。
- **反思与反馈**:定期反思自己的思维方式和决策过程,并寻求他人的反馈,发现自己的思维盲点和改进空间。

1.2 问题拆解

在 AI 时代,高效定义需求和合理拆解问题是解决复杂挑战的关键步骤。拆分问题并逐个攻破,不仅有助于我们深入了解问题的本质,还能更快速地梳理出解决问题所需的步骤,更能确保我们在使用 AI 技术时,能够有针对性地寻找解决方案,高效生成解决方案。

在与 AI(如 DeepSeek)互动时,要明确我们希望解决的具体问题是什么。这需要我们深入分析问题的各个方面,明确目标和预期结果。

问题拆解是将大问题分解成小问题的过程，这不仅有助于我们更系统地理解问题，还可以帮助我们逐一解决问题的各个方面。拆解问题的常用方法是使用"因果树"结构，从问题的主要目标出发，构建一个树状图来表示问题之间的因果关系，逐步分析导致问题的各种原因，以及产生的子问题，帮助我们看清问题的全貌和解决方案的逻辑链条。

例如，我们需要为一个新产品撰写营销文案。我们可以将这个任务拆解为几个小问题：目标受众是谁？我们想要传达什么核心信息？有哪些关键优势需要强调？这样的拆解有助于我们集中精力逐一解决问题，而不是面对一个庞大而模糊的任务无从下手。

又如，公司希望提高客户满意度，这个大问题可以拆解为：现有的客户反馈收集机制是否有效？客户在哪些方面感到不满？我们如何快速响应客户的负面反馈？通过这样的拆解，每个子问题都可以得到具体操作，从而构建出一套完整的解决方案。

再比如，要提高产品的市场销量，可以从市场需求、产品特性、营销策略等多个维度进行拆解；然后，在每个维度下再细化出更具体的问题点，如营销策略可进一步拆解为广告效果、促销活动的吸引力等。

通过一些具体而实用的方法，可以提升我们的问题拆解能力。如下图所示。

提升问题拆解能力的方法

01 思维导图
图形化可以帮我们清晰地看到问题的主要构成部分及各部分之间的相互关系，从而更好地组织思考和制订行动计划。

02 角色扮演
尝试从不同利益相关者的角度审视问题，以发现问题的不同维度，从而更全面地拆解问题。

03 反向思维
从问题的结果反推可能的原因或方法，从不同角度思考问题。

04 案例学习和日常练习
研究相关领域或行业中相关问题的解决案例，了解他们如何拆解并解决问题。

1.3 逻辑表达

我们了解了如何拆解问题,但仅有问题拆解的能力是不够的,这只是"获得 AI 帮助"的前期准备,想要高效获得 AI 的精准帮助,需要逻辑清晰地向 AI 表达需求。

想要快速梳理自己的表达框架和语言逻辑,输出条理清晰的内容,可以通过套用表达结构来实现。

下面是几种最经典的表达结构或方法,可以迅速使我们的表达更加清晰、有说服力,从而更有效地传递信息和观点。

1. STAR(Situation,Task,Action,Result)方法

Situation(情境):描述发生的背景或情境。

Task(任务):说明需要解决的问题或任务。

Action(行动):描述所采取的具体措施。

Result(结果):介绍行动的成果或效果。

这种方法能够帮助我们有条理地阐述一个事件或一段经历,常用于面试或项目汇报。

2. 金字塔原理

金字塔原理是由麦肯锡前顾问芭芭拉·明托提出的一种思考、写作和解决问题的结构。它强调从总结(最重要的点)开始,然后逐步展开支撑点。"金字塔"顶层是核心思想,也就是主要论点或建议;"金字塔"塔身包含几个支撑主论点的关键论据;"金字塔"的最底层是支持每个关键论据的具体证据或数据。

这种层次分明的结构能够帮助听众或读者快速抓住主要信息,让复杂问题变得清晰易懂。

3. MECE（Mutually Exclusive Collectively Exhaustive）原则

Mutually Exclusive（相互独立）：确保每个分类或分组之间没有重叠，每个问题或数据在一个分类中只出现一次。

Collectively Exhaustive（完全穷尽）：确保所有的可能分类或问题都被考虑到，没有遗漏。

MECE原则通常用于数据分析、报告撰写和问题解决，使用这种原则处理问题，可以保证信息的无遗漏和无重复，从而提高分析和决策的质量。

4. SCQA（Situation，Complication，Question，Answer）框架

Situation（情境）：描述当前环境或背景。

Complication（困难）：指出存在的问题或挑战。

Question（问题）：提出需要解答的核心问题。

Answer（答案）：提供解决问题的答案或建议。

SCQA框架适用于演讲和书面报告，它通过清晰地定义问题和解决方案来吸引听众的注意力，同时也帮助我们说明为什么采取特定行动是有必要的。

5. PEEL（Point，Evidence，Explain，Link）结构

Point（观点）：明确提出主要观点。

Evidence（证据）：提供支持观点的数据、引用或例子。

Explain（解释）：解释证据如何支撑观点。

Link（联系）：将这一论点与主题或下一个论点连接起来。

这种方法有助于保证论述逻辑清晰，使听众或读者易于理解和跟随。

6. 五段论结构

五段论是学术写作中非常常见的结构，有助于系统地展开复杂论点。

在与AI互动的过程中，表达直接影响AI的响应质量和适用性。因此，如何清晰且有效地向AI表达我们的需求，准确地描述我们需要它辅助解决的问题，让它"听得懂，能理解"至关重要。

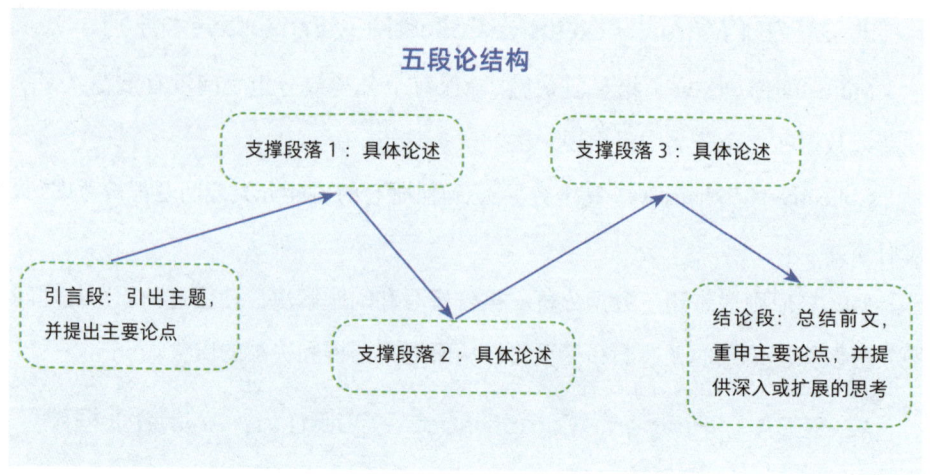

如果我们向 AI 提出一个含糊或多义的请求，得到的回答往往是不准确，甚至是错误的。例如，如果我们仅仅问 DeepSeek "我怎么做才能更好"，而没有指定具体需要改进的方面，就可能得到一些普适化而没有针对性的建议。由此可见，正确的表述不仅能帮助 AI 更好地理解我们的意图，还能极大地提高交互的效率和结果的相关性。

我们可以参考以下几种方法来向 AI 清晰地表达我们的需求，提高与 AI 的交流效果，以收获质量更高的回答。

● 使用具体且明确的语言：具体且明确的语言，可以便于 AI 快速理解使用者的意图。例如，如果需要制作一份报告，应明确说明报告的主题、目的、预期观众，以及需要包含的关键信息。

● 采用结构化的表达方式：在提问或描述时，采用逻辑清晰的结构可以帮助 AI 更好地理解和处理请求。例如，使用列表、编号或子标题来组织信息，确保每一部分都简洁明了。

● 提前准备：在向 AI 提出请求之前，先自己整理思路，预设可能的问题和所需的答案，以减少交流中的误解和时间的浪费。

● 反馈和迭代：如果对 AI 生成的答案不满意，可以根据初始回答进一步细化提示词，或优化问题表述。

以下几种常用的表达模板也可以在与 AI 的交流中发挥重要作用。

- 问题解答模板：明确提出问题，然后详细列出需要的具体信息或解决方案。例如："我正在策划一个关于可持续发展的会议，需要知道主要的环保议题有哪些，以及可能邀请的行业专家。"

- 比较请求模板：当需要 AI 帮你做出选择或比较时，明确列出比较的对象和标准。例如："我在考虑使用 A 和 B 两种材料进行产品设计，可以根据成本效益和环保性能给我一个建议吗？"

- 步骤说明模板：当需要 AI 提供操作指南或步骤时，明确最终目标是什么。例如："我想学习如何用 Python 进行数据分析，可以给我一个从入门到实践的学习步骤吗？"

以上模板可以在特定情境下，快速提高 AI 输出答案的质量，然而这也只是解决了与 AI 沟通的基础问题，在实际应用中，不同场景往往需要不同的表达方式。因此，具备编写有效提示词（Prompt）的能力至关重要。

提示词的选择不仅要考虑到内容的准确性和清晰度，还需要考虑到与 AI 的语境相契合，以及如何最大限度地提高交流的效率和准确性。在下一节中，我们将详细介绍如何编写和应用提示词，让我们与 AI 的沟通更加灵活、高效，以及更贴近实际应用的需求。

AI 提示词

2.1 提示词基础

在与 AI 进行交互时,提示词起着至关重要的作用。它们不仅指导 AI 的响应方向,而且还能显著影响生成的内容的质量和相关性。了解提示词的基本概念及其与大模型的互动机制是高效利用这些工具的第一步。

想与 AI 进行更高效的对话,就需要掌握一种特殊的技巧:使用恰当的提示词。提示词也被称为"指令",是我们输入 AI 的命令或问题,它指导 AI 以我们期望的方式来回答我们的问题。

AI 目前并不能自主创造答案,而是通过从大量数据中学到的语言模式来生成答案。假设我们问 AI:"《星球大战》怎么样?" AI 会根据以前的训练来判断我们是在询问电影的质量,可能会综合大量数据,然后回答:"一部非常经典的科幻电影,广受好评。"

当我们与 AI 交谈时,我们提供的每一个词都像是给 AI 的一个线索,它会根据输入的词汇,去它的"知识库"中寻找最合适的答案。这个"知识库"实际上是 AI 训练过程中积累的大量文本数据。基于这些数据,AI 学习了如何连接词汇,并通过基于概率的"词语选择"来决定下一个词的生成,形成合理的回答。

比如,当前文内容为"我是"的时候,AI 会根据上下文语义和向量空间中的分布概率来选择下一个字是"谁",还是"老师",又或是"快乐的"等。又比如,我们问:"今天天气怎么样?"AI会检查它以往处理类似问题时的"经验",然后基于其分析的语境和可能性来回复,比如"今天天气晴朗"。在这个过程中,DeepSeek实际上是在预测下一个字或词,就像做填空题一样。

因此,明确且具体的提示词可以极大地提高AI提供答案的质量和相关性。我们应提出具体的问题,如"机器学习在医疗领域的三个主要应用是什么",而不仅仅是泛泛地询问"机器如何学习",以更直接地引导AI依据其训练数据提供详细且专业的信息。

在这个过程中,我们有效地利用AI的语言模型,以一种它能理解并准确响应的方式来表达我们的需求。这不是教AI如何与我们对话,而是通过精确的语言确保我们的问题被正确理解,从而获得有针对性、令人满意的答复。综上所述,掌握编写有效的提示词是使用AI至关重要的技能,它直接决定了我们从智能对话中得到的信息。接下来,我将继续探讨如何构建有效的提示词,确保我们与AI的交流高效流畅、以结果为导向,从而在各种应用场景中最大化AI的使用价值。

2.2 编写有效的提示词

编写有效的提示词是与AI进行有效交互的关键,不仅影响AI理解和响应询问,也关乎获取信息的质量和速度。

高质量的提示词几乎就是直通答案的钥匙,与其每次遇到问题都去找别人写好的提示词,还不如掌握提问的逻辑,针对各种场景,问出好问题,得到好回答。

写出"万能提示词"并不难,具体分为五步。

重置模型➡️设定背景和角色➡️布置清晰任务➡️提供详细说明或要求➡️确认理解任务。以DeepSeek为例,我们先来看一个例子。

> 重置模型：忽略之前的提示词。
>
> 设定背景和角色：你是一位经验丰富的文案专家，能够精确地提炼产品的卖点，并用简洁而有吸引力的语言传达给目标受众，为多家品牌撰写过高转化率的商品文案，擅长写公众号文案、广告文案。
>
> 布置清晰任务：请为"××手机"写一篇公众号带货文案，该手机的主打卖点为"续航时间长、性价比高"。
>
> 提供详细说明或要求：文案要生动且信息丰富，语气轻松活泼，包含用户痛点和生活场景举例，不超过1500字。
>
> 确认理解任务：你理解这个任务吗？请复述你需要做什么。

根据这个例子，我们对照来看这五步。

1. 重置模型

这一步主要是为了排除之前和 DeepSeek 对话内容的干扰。如果已经新建了一个对话窗口，这一步可以忽略。

2. 设定背景和角色

设定背景：相当于前情提要，说明布置任务的原因、当下面临的问题，或提供必要的背景介绍等。

设定角色：相当于赋予 DeepSeek 一个角色身份，以限定其回答涉及的领域范围；同时，也可以再进一步赋予它角色特征，如经历经验、性格习惯、人物关系、角色背景、形象特质等，以获得更精准、贴切的回复。

3. 布置清晰任务

这一步很好理解，是为了让 DeepSeek 了解它即将面对的任务是什么主题、有哪些关键点、任务目标是什么等。任务布置得越清晰、越具体，DeepSeek 生成的答案越精准。

4. 提供详细说明或要求

清晰描述了希望 DeepSeek 完成的任务后，可以根据任务预期，给出更详细的需求说明，或提出具体的要求，任何需要的限制条件都可以写上。

内容：文案使用什么语气，多少字符，目标人群是谁，是否有结构或风格要求等。

输出：输出的内容采用什么格式，比如文本、表格、Markdown、代码块等。

模仿：适用于有参考资料的情况，可以先将资料投喂给 DeepSeek，让它模仿资料输出内容，这一方法可以显著提高输出结果的质量，特别适用于要求描述比较抽象，DeepSeek 理解可能有偏差的情况。

5. 确认理解任务

这一步只需要问 DeepSeek 是否完全理解我们的任务，目的是通过 DeepSeek 的回复，确认其已经完全了解任务的上下文，清楚各项要求。

按照以上五步写出的"万能提示词"，提高回答质量的效果显而易见，但这只是有逻辑清晰的提示词框架，并没有呈现出模板化、结构化的提示词形式。

那功能强大的结构化提示词是什么样的呢？

以"让 DeepSeek 写公众号带货文案"的例子改编成结构化提示词，如下图所示。

请帮我生成"带货文案"的结构化的提示词

已深度思考（用时18秒）

以下是为"带货文案"设计的结构化提示词模板，涵盖核心要素和创作思路，可按需调整：

一、基础信息输入
1. 产品名称 / 品类：_____（如：××精华液 / 智能扫地机器人）
2. 目标人群：_____（如：25—35 岁职场女性 / 家有宠物的年轻家庭）
3. 核心卖点：_____（不超过 3 个，如：24 小时长效保湿 /99.9% 毛发清理率）
4. 使用场景：_____（如：熬夜急救 / 宠物掉毛季）
5. 促销信息：_____（如：前 100 名赠小样 / 限时立减 200 元）

二、文案结构框架
1. 黄金 3 秒开头（抓眼球）
- ✅ 痛点提问法："每天扫三次地还是满屋猫毛？"
- ✅ 场景共鸣法："加班到凌晨的姐妹，第二天还敢素颜见客户吗？"
- ✅ 数据冲击法："90% 的主妇都不知道，厨房油污只需 1 步就能干净！"

2．产品价值展示
◇核心科技："独家研发的【玻尿酸微囊技术】直达肌底"
◇对比实验："左图普通清洁剂 VS 右图我们的纳米分解喷雾"
◇权威背书："丁香医生推荐 / 欧盟 SGS 安全认证"

3．信任感构建
◆用户证言："5000+ 宝妈亲测有效"
◆风险保障："过敏包退 / 三年只换不修"
◆销量证明："上线 3 分钟售罄 2000 台"

4．行动指令
▶紧迫感："库存只剩最后 ×× 件！"
▶简化决策："点击下方购物车→立即解锁同款"
▶利益引导："现在下单备注'小红书'额外赠化妆镜"

三、风格适配建议
• 抖音 / 快手：多用感叹号❗、口语化短句、热梗词（绝了！yyds！）
• 小红书：增加 emoji 点缀✨、细分场景（通勤 / 约会 / 宅家）
• 朋友圈：故事化表达（"闺密偷偷用了半年的变美神器……"）

四、不同品类示例
美妆类："毛孔粗大的姐妹看过来！这瓶精华直接把磨皮效果焊在脸上！"
家电类："比老公更靠谱的扫地机！不在家也能自动倒垃圾的神操作！"
食品类："好吃到停不下来的香菇脆！非油炸的咔嚓声太上头！"

五、优化工具箱
√ 加入热门 BGM 推荐（如：轻快卡点音乐 / 温情钢琴曲）
√ 设置互动问题："猜猜这个黑盒子能做什么？3 秒后揭晓答案！"
√ 数据可视化：用进度条 / 对比图呈现产品效果

　　结构化的提示词就像精心设计的导航系统，能够更加精准地引导生成式 AI 解决复杂的问题，以适应不同的工作流。相较于由自然语言编写的提示词，它的优势在于提供更明确的指示，减少模糊性，提高模型的效率，以及更好地适应多样化的场景。

　　它清晰的层级结构就像指南针，将信息整齐地组织在各个层级中，使得提示词的语义表达更清晰，模型和用户都能更准确地理解。

　　模块化设计就像拼装积木，让使用者可以快速搭建高效的提示词，还能灵活适应各种任务。定向属性词确保了模型的任务准确性，减少错误输出。

　　统一的规范和模块化设计让调试和优化更容易，可以提高开发效率。结构化提示词灵活且可扩展，能适应不断变化的需求，为团队协作和持续迭代提供了可靠保障。

2.3 提高回答质量的方法（以 ChatGPT 为例）

上一节我们详细讨论了编写提示词的方法，接下来还是以 ChatGPT 为例，来看看有哪些提高回答质量的实用小技巧和编写提示词的常见误区。

参考 OpenAI 官网的提示工程指南（https://platform.openai.com/docs/guides/prompt-engineering），有以下六个策略。

1. 给出清晰明确的指示

模型无法猜透用户的想法，就像在一段亲密关系里，让对方猜自己的心思还不如有事直说。因此，如果输出的回答太长，就要求"简短答复"；如果输出太简单，就要求"专家级别的写作"。模型猜测用户想要什么的次数越少，用户获得满足预期的回答的可能性就越大。具体策略如下。

- **提供详细信息**：确保提供详细信息或上下文，就像写邮件要尽量提供完整信息一样，给 ChatGPT 更多背景信息，可以让它的答案更具相关性。比如在请它生成文案前，可以告诉它相关的品牌和目标受众，让它更准确地把握风格。

- **赋予角色**：指定模型在其回复中使用的角色，这一点在上一小节中的"五步写出万能提示词"部分已做了详细介绍。

- **使用分隔符区分输入的不同部分**：使用三引号、XML 标签、节标题等分隔符，可以划分要区别对待的文本。任务越复杂，就越是需要消除提示词中的歧义，使用分隔符能够让模型准确地理解用户的要求。

- **设定完成任务所需的步骤**：为相对复杂的任务设定一系列步骤，并要求模型遵循它们进行输出，使交互过程更清晰。

- **提供例子**：如果打算让模型模仿某种特定风格，而这种风格很难明确描述，那直接提供示例让模型学习更加方便有效。

- **指定输出长度**：要求模型生成给定目标长度的输出，例如，输出××字符或单词，输出××个句子、段落、要点等。

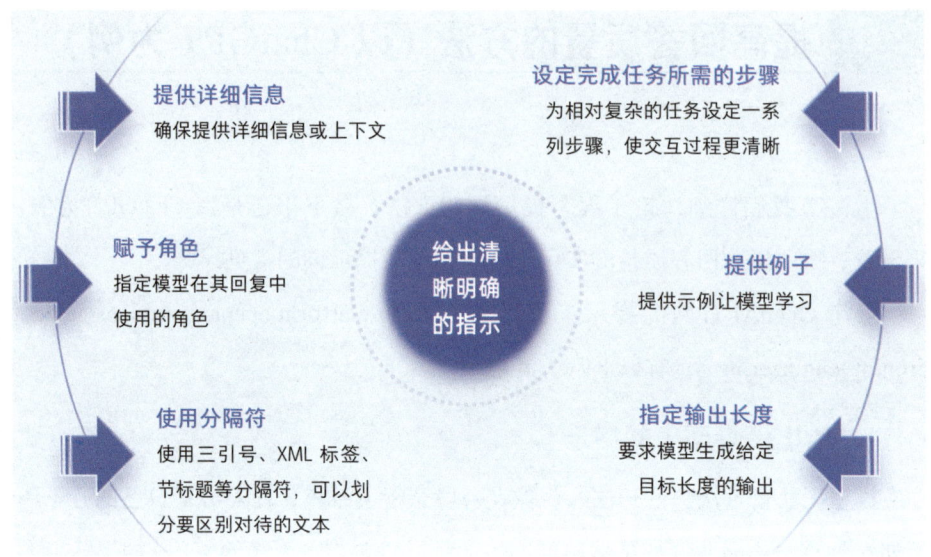

2. 提供参考内容或背景信息

语言模型可以自信地"发明"假答案,特别是被问及深奥的主题或使用引文和URL时。因此,提供参考内容给AI并要求其使用或引用参考内容生成回答,可以有效提高回答的质量。我们可以通过以下格式提供素材。

● **指引模型使用参考素材回答**:我们可以为模型提供与问题相关的可信信息,并指示模型使用提供的信息输出其答案;告知模型如果在文章中找不到答案,就输出"我找不到答案"。

● **指引模型引用参考素材回答**:补充相关素材后,也可以直接要求模型通过引用所提供素材中的段落并表明出处,以生成相关性更强的回答。

3. 将复杂的任务拆分为更简单的子任务

复杂的任务往往比简单的任务具有更高的错误率。因此,先把任务拆分,再请 ChatGPT 分步辅助解决,正确率和效率会更高。具体策略如下。

● **循序渐进地提问**:面对复杂问题,拆解并分析需求后,逐步提供细节和问题。就像和朋友聊天一样,先提出一个简单的问题,然后逐步深入。例如,先问"什么是机器学习",接着再问"有哪些常见的机器学习算法"。这种循序渐进的方法能帮助 ChatGPT 更好地理解你的意图。

- **总结或筛选对话历史**：由于模型处理字数有限，因此在同一个窗口中的对话不可能无限期地进行下去。如果需要 ChatGPT 在一次对话中回答很多问题，可以在回答的过程中实时总结对话历史，把整个对话的内容压缩到一个模型能够处理的长度。这样，在之后的对话中，ChatGPT 可以利用之前的总结信息继续回答相关问题。

- **分段总结长文档**：当我们要总结长文档，例如一本书时，可以先请 ChatGPT 针对小节进行总结，再把同一章节的小节总结生成章节摘要，以此类推，生成全书摘要。

4. 给模型时间"思考"

在 ChatGPT 给出答案之前询问"思路链"可以帮助模型推理出更可靠的回答。具体策略如下。

- **让模型先自己思考**：有时更好地引导模型解决问题的方法是让它先进行独立思考。比如想让模型评估学生解答数学题的正确性时，直接问它学生的答案对不对，可能效果并不好。更好的方法是指示模型自己先解决这个数学问题，然后让它对学生的答案进行评估。

- **使用内心独白或查询序列，隐藏模型的推理过程**：有时候，在辅导学生时，我们希望模型能够仔细分析学生的答案，但不直接暴露答案。内心独白策略可以让模型在后台进行详细推理，最后只展示对学生有帮助的提示或建议。我们也可以让模型独立解决问题，然后比较学生答案，最后给出不透露答案的建议。

- **询问模型是否遗漏了什么**：在处理大段文本时，模型有时会遗漏某些片段。如果需要模型列出与某问题相关的所有片段，可以在其初步回答后，追问是否遗漏了什么，这样可以让模型通过再一次查询找到之前可能遗漏的信息。

5. 使用其他工具来弥补模型的不足

在某些情况下，将任务转交给其他更专业的工具可以弥补语言模型的不足。例如，一个文本检索系统（有时称为 RAG 或检索增强生成）可以为模型提供相关文档的内容，而像 OpenAI 的代码解释器这样的代码执行引擎可以帮助模型进行数学运算和运行代码。如果某个任务通过其他工具执行比通过语言模型更可靠或更高效，就应当将其交由工具处理，以充分发挥各自的优势。具体策略如下。

● **用嵌入技术高效地找到知识**：当模型回答问题需要特定信息时，可以通过嵌入技术快速找到相关知识。例如，关于一部电影的问题，我们可以把电影的详细信息（如演员、导演等）提供给模型。通过嵌入技术，模型可以像搜索引擎一样，在庞大的信息库中找到与你的问题最相关的答案。

● **用代码计算**：如果问题需要模型进行复杂的数学运算，比如计算某个统计指标，它可能会计算错误。为此，可以让模型用编程语言（如 Python）写代码来进行准确的计算。用模型编写代码，程序运行后，结果会返回给模型。这样，即使是复杂的数学问题，模型也能给出精确的答案。

● **给模型提供函数访问权限**：可以让模型调用特定的函数，让它像程序员一样执行任务。例如，获取实时数据或进行数据分析。通过访问这些功能，我们可以用模型处理更复杂的问题，并将结果用于后续的查询。

6. 系统性地测试变化

要改进提示词，最好能通过测试来衡量提示词的效果。修改提示词可能会在一些情况下提升 ChatGPT 的表现，但更多实际案例显示，处理问题的效果变差。因此，想要确定修改的效果是不是积极的，就需要定义全面的测试集。通过测试，我们可以比较不同提示词设计的效果。好的测试通常具有以下特点。

● **代表性**：测试集应代表真实世界的使用场景，或至少具备多样性。

● **大量测试案例**：更大的样本可以提高统计有效性，例如要检测 10% 的性能差异，至少需要 100 个样本。

● **易于自动化或重复**：方便自动化的测试流程有助于多次测量结果。

测试可以由计算机、人工或两者共同完成。OpenAI 提供了开放源码的评估框架可以自动化这些测试流程。如果想更详细地了解 ChatGPT、学习提示词的工程方法，可以查阅 OpenAI 开发者平台上免费的提示词工程教程，了解相关案例和更深入的讲解。

有时我们与 AI 对话,即使按照标准一步一步编写了提示词,也无法得到想要的答案,这也许是因为我们一不留神就高估了它的智能程度,常常误以为它也能理解人类情感、会思考。因此,使用 AI 时,要格外小心下面这两个常见的误区。

1. 使用过于抽象的描述

抽象描述的提示词通常过于宽泛、模糊,缺乏具体指示,导致 AI 难以理解具体需求;或过于主观、属于情感驱动的要求,而 AI 目前还暂时无法真正理解人类情感的含义,因此无法提供符合预期的答案。

例如,"帮我写一个能打动人的营销文案",什么样的营销文案能打动人?这个提示词没有提供产品、受众或关键信息,无法有效引导 AI 生成高质量文案。

又如,"生成一个爆款选题",这里的"爆款"是抽象的,没有具体指明目标受众或内容主题,使得 AI 无法准确生成合适的选题。

因此,我们要使用明确、具体的描述更好地引导 AI,让它的回复更精准。

2. 预设立场

预设立场的提示词是指在提问时已经带有倾向性或预期答案的倾向,导致 AI 无法提供多样化或中立的答案。

例如,"解释为什么 AI 会导致大规模失业",这种提示词假设了人工智能必然会导致大规模失业,限制了 AI 提供其他可能的答案,比如 AI 可能带来的积极影响,或潜在的新就业机会。

又如,"为什么公司应尽快采用自动化技术",这个问题预设了公司应该立刻采用自动化技术,而没有考虑到可能存在的挑战和不适应的情况,导致 AI 无法探讨其他观点。

开放性的问题让 AI 能够提供多样化和全面的回答,而不是被锁定在预设的立场上。因此,如果希望获取中立或多角度答案时,应尽量避免在提示词中预设立场。

此外,还有两句"魔法咒语",通过引导性的提示,可以一键激活 AI 的"深层大脑"，对于输出结果正确率的提升有明显影响。

- （基础版）"让我们一步步思考"：这句指令能引导 AI 逐步深入地进行思考，从而更有逻辑性地解决问题。

- （升级版）"深呼吸，一步一步地做这件事"：这句话鼓励 AI 在解决问题时保持冷静，逐步分析，以提高回答准确性；特别是解决数学类问题时，提升效果十分显著。

最后，是不可或缺的一步——反馈迭代。

仔细阅读 AI 的回答，检查其中有无偏差或不准确的地方，这些可以成为提示词改进的线索。如果回答偏离主题，可以调整提示词的表达方式；如果内容过于笼统，可以添加更多细节信息。举个例子，如果要求生成故事，但 AI 只给出了一段概述，可以改进提示词为"请写一个 1000 字的故事，主人公是小镇的一位医生，他希望找到拯救世界的药方"。

然后逐步调整，通过逐渐改变提示词的结构和细节，找到能够引导 AI 给出更准确答案的最佳提示词。举个例子，从"请详细解释"到"给出两个具体例子并提供相关数据支持"，这种迭代可以帮助 AI 更好地理解我们的需求。

和 AI 对话在一定程度上就像是辅导小孩学习，想要获得更好的成绩，反馈迭代是关键。

常用 AI 工具

随着 AI 技术的飞速发展，AI 工具正逐渐成为提高个人和企业效率的重要驱动力。这些智能工具以创新的特性和强大的功能，正在改变我们处理信息、创造内容和优化决策的方式，最终极大地提高我们的工作效率和生活质量。本节将走进 AI 的世界，探索那些能够助力普通人快速提升生产力、增强创造力，甚至开辟赚钱新途径的实用 AI 工具。

3.1 国外各大 AI 平台

ChatGPT

ChatGPT 是由 OpenAI INC 开发的大语言模型,它在理解和生成自然语言方面表现出色,尤其适合用于构建交互式的对话系统。它的强大功能不仅限于简单的问答,还能进行复杂的语言任务,如撰写文章、生成故事、提供编程建议等。此外,ChatGPT 目前已支持语音和图像功能。ChatGPT 优势如下。

- **多轮对话能力**:ChatGPT 能够记住上下文的对话,提供连贯且个性化的交流体验。
- **广泛的应用场景**:无论是客服、教育还是内容创作,ChatGPT 都能提供强大的语言支持。
- **易于集成**:ChatGPT 的 API 可以轻松集成到各种应用中,快速提高产品的智能化水平。

NewBing

NewBing 是由微软公司开发的一款搜索引擎,它融合了 AI 技术,旨在提供更加精准和个性化的搜索体验。NewBing 不仅能够理解用户的搜索意图,还能根据用户的搜索历史和偏好提供定制化的结果。NewBing 优势如下。

- **对话式搜索**:NewBing 允许用户以自然语言提问,使得搜索过程更加直观和人性化。
- **个性化推荐**:根据用户的搜索习惯和历史,NewBing 能够提供更加个性化的搜索结果。
- **深度搜索与分析**:能够提供深入的搜索分析和相关信息提取,优化用户的搜索体验。

Claude

Claude 是由 Anthropic PBC 开发的先进 AI 模型，以深度学习和自然语言处理（NLP）能力闻名。Claude 的设计注重安全性和准确性，在处理复杂查询和提供可靠信息方面表现出色，同时注重保持用户的隐私尊重，尤其适用于需要高度准确性和合规性的应用场景。Claude 优势如下。

- 安全性：Claude 在设计时特别考虑了安全性，重视用户数据的安全和隐私保护，同时减少了有害内容的生成。
- 高质量对话：生成的对话内容质量高，逻辑连贯，符合道德和法律标准。
- 适应性强：能够根据不同的应用场景调整响应方式，满足各种复杂需求。

Notion AI

Notion AI 是集成在 Notion 这款强大的组织和协作工具中的 AI 助手。它通过理解用户的需求，帮助用户更高效地管理项目、文档、笔记和日常任务。Notion AI 的特色在于其与 Notion 平台的无缝集成，使用户能够在一个统一的环境中完成任务从规划到执行的全过程。Notion AI 优势如下。

- 任务自动化：Notion AI 可以自动创建、排序和更新任务，提高生产力。
- 内容生成与摘要：快速生成会议记录、文章摘要等，节省用户时间。
- 高度集成性：与 Notion 平台无缝集成，增强已有功能，提高用户体验。

HeyGen

heygen.com 是一个专注于创建和运营"数字人"（Digital Human）的平台，它利用先进的 AI 技术为企业提供定制化的虚拟形象和交互体验。HeyGen 的数字人不仅外观逼真，还能够进行自然的语言交流和情感表达，适用于客户服务、品牌代言、虚拟助手等多种场景。HeyGen 优势如下。

- 高度逼真：数字人形象逼真，提供接近真人的视觉体验。
- 真实互动体验：HeyGen 的数字人具备高度真实的交互能力，支持自然语言交流，能够理解并回应用户的问题，能在多种商业场景中提供客户服务、虚拟

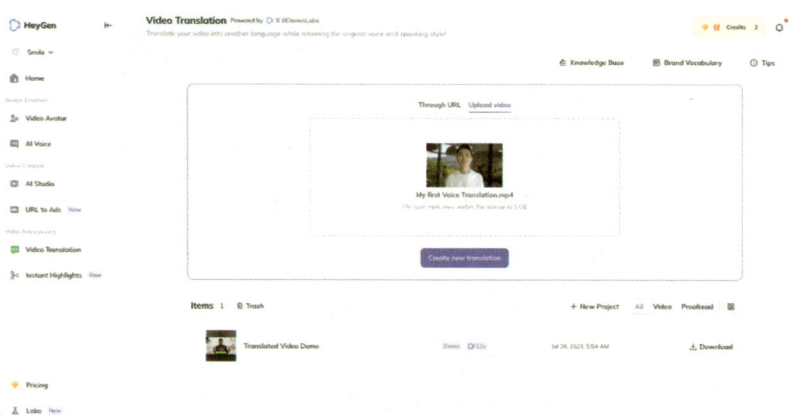

HeyGen 主页

协助和娱乐等功能。

● **定制化和可扩展性**：HeyGen 提供高度定制化的服务，允许企业根据自身需求定制数字人的外观、语音和行为，同时平台的可扩展性确保了与业务成长的同步发展。

● **广泛的应用范围**：从零售到客户支持，再到在线教育和娱乐，HeyGen 适合多种行业需求。

3.2 国内各大 AI 平台

DeepSeek

DeepSeek 是杭州深度求索人工智能基础技术研究有限公司开发的人工智能助手，涵盖了语言模型、视觉模型等多种 AI 模型，致力于通过先进的技术为用户提供高效、智能的服务与解决方案。其相关模型在自然语言处理、计算机视觉等多个领域都有出色的表现，并且以开源的形式为广大开发者和研究人员提供了强大的工具，推动了人工智能技术的发展和应用。DeepSeek 的优势如下。

- 技术先进：采用了先进的深度学习架构和算法，不断进行技术创新和优化，在语言理解、图像识别等任务上达到了较高的准确率和性能水平。
- 开源共享：将其模型开源，促进了人工智能领域的知识共享和技术交流，使更多人能够基于其模型进行二次开发和研究，推动了整个行业的发展。
- 多领域应用：在自然语言处理、计算机视觉、智能推荐等多个领域都有广泛的应用，能够为不同行业和场景提供定制化的解决方案，满足多样化的需求。

Kimi Chat

Kimi Chat 是由月之暗面科技有限公司开发的 AI 助手，专注于提供高效、准确的对话式交互。Kimi Chat 不仅能够处理复杂的语言查询，还能够阅读和理解用户上传的文件，提供定制化的信息检索服务。Kimi Chat 优势如下。

- 文件阅读：能够解析用户上传的文档，提供基于内容的回答和建议。
- 实时联网搜索：能够实时联网获取最新信息，与工作流紧密结合。
- 长文本处理能力：一次性可以处理高达 200 万的文本信息。

讯飞星火

科大讯飞股份有限公司的讯飞星火认知大模型在语音识别、自然语言处理等方面具有显著优势。该模型特别适合中文语言环境，能够提供精准的中文理解和生成服务，它通过深度学习技术，提供中文语音识别、语音合成、自然语言处理等功能。讯飞星火优势如下。

- 中文优化：特别针对中文语境进行优化，提供更准确的语言处理能力。
- 语音识别：在语音到文本的转换方面表现出色，适用于多种场景。
- 强大的语音技术：在语音识别和语音合成领域拥有行业领先的技术。

文心一言

北京百度网讯科技有限公司的文心一言大模型是一款集语言理解和内容生成

于一体的 AI 模型。它在文本生成、对话系统构建等方面有着广泛的应用，能够提供丰富的语言服务。文心一言优势如下。

● **文本生成**：在中文自然语言处理方面表现优秀，能够生成各种类型的文本内容，包括文章、故事等。

● **高效的语言理解**：能够准确理解复杂的语言请求，提供相关的信息或执行相应的任务。

● **广泛的适用性**：可以被应用于内容推荐、对话系统和其他需要语言处理的场景。

通义千问

阿里巴巴集团的通义千问大模型是一款综合性的 AI 模型，它在理解用户意图、提供决策支持等方面具有优势。该模型适用于需要智能推荐和个性化服务的场景。通义千问优势如下。

● **个性化推荐**：能够根据用户的行为和偏好提供个性化的推荐。

● **决策支持**：在需要数据分析和决策支持的场景中发挥作用。

● **用户行为分析**：利用 AI 分析用户行为，优化用户体验和服务效果。

智谱清言

智谱清言是一款专注于自然语言处理的 AI 平台，它通过先进的算法对语言进行深度分析和理解，在文本分析、情感分析、语音识别、编程和语言生成等方面具有显著优势，特别适合需要文本挖掘和语言智能处理的场合。智谱清言优势如下。

● **文本分析**：能够对文本进行深度分析，提取关键信息。

● **情感分析**：推理能力表现良好，可识别文本中的情感倾向，适用于舆情监控和市场研究。

● **语言生成**：文本生成能力较强，可以执行写作要求较高的任务，如文学创作和编程等。

第二章

AI 办公提效

1　AI+ 工作场景应用

1.1　AI+ 商务邮件

商务沟通中，邮件是不可或缺的。虽然同一家公司同一个场景下的商务邮件内容大同小异，但是其中有些部分修改起来又很费时间。而 AI 的出现，可以让我们快速、便捷地编写符合商务规范的邮件，从此告别手动编辑邮件内容的烦冗工作。特别是在需要跨国沟通的业务上面，用 AI 回复的邮件反而更符合对方的语言习惯，显得更具有专业性。利用 AI 技术，AI 电子邮件生成工具可以轻松地制作专业商务电子邮件，包括内容与主题生成、正文内容润色和语法修正等，可以帮助业务人员更高效地与客户进行沟通，从而建立更紧密的关系。

AI 电子邮件生成工具的工作方式主要是收集有关客户的信息，例如用户的购物历史、上网习惯和偏好等，生成发送给目标客户的定制化、个性化的电子邮件，并可根据需要调整文案的语言，还可以按照需求定时发送。

一些 AI 电子邮件生成工具还可以通过浏览器的扩展功能，直接将邮件同步到标准电子邮件账户，让使用者可以在单一平台上轻松高效地完成操作，省去切换软件或平台的时间。

AI 电子邮件生成工具有很多，下面简单介绍在国外广受欢迎的几款。

● Jasper AI：美国电子邮件内容生成领域的先驱，它提供了丰富的模板和场景，遗憾的是暂时不支持中文。

● Copy.ai：免费电子邮件生成器，是创作富有创意的邮件的首选工具。它能够生成各种类型的文字内容，包括文章、邮件、产品描述、社交媒体标签、文章标题等，也支持语言转化，支持简体中文。它可以帮用户撰写求职信，这是它在设计上的一大亮点。

● Rytr：海外市场上最实惠的 AI 内容工具，非常适合初学者和预算有限的人。它支持多国语言，效率极高。

● Hypotenuse AI：专为营销人员设计的平台，是电子商务店铺和电子邮件营销的最佳选择之一，也是较好的免费 AI 文案写作工具之一。

● Copy Smith：用于电子商务和企业的 AI 内容创建软件工具。此 AI 工具非常容易上手，同时还拥有大量的高质量内容的模板可以使用。

国内类似的 AI 邮件生成工具也有很多，感兴趣的伙伴可以自己搜搜看。

当然，我们也可以直接为 AI 工具设定角色、提出具体的要求，这位"资深邮件写手"便可以提供 24 小时不间断的专属服务。下面简单演示一下利用 AI 工具写商务邮件的操作过程。

我们按实际写邮件时的思路，一步一步思考。

1. 确定邮件类型

写邮件前，设定明确的目标很重要。比如，确定写这封邮件是为了获取潜在用户，还是为了销售产品，或是为了感谢客户购买产品。确定后，在给 AI 的提示词中指定要写的邮件类型，例如，"请给我写 5 封产品介绍销售邮件""请帮我写 2 封感谢客户惠顾的邮件"等。

注意：提示词中提供的想法、描述、细节越具体，得到的邮件内容就会越准确。

2. 提炼吸引人的邮件主题

邮件的主题是吸引收件者点击的关键。很多时候，我们不是不会提炼吸睛的邮件标题，而是不太确定从哪个角度切入，才能"直击客户内心"，而 AI 可以帮助我们提炼关键词，打造更吸引人的邮件主题，具体过程分为以下两步。

输入提示词："我要针对 23—30 岁一、二线城市女性职场人（目标用户），写一封销售邮件（邮件类型），用以推荐我的职场沟通课程（产品和服务）。请帮我挖掘 5 个（准确数量）可能存在的相关痛点，并给我 5 个（准确数量）相应的写邮件的想法。"

然后，根据产品卖点，选择一个不错的角度，以进一步优化成高点开率的标题。

3. 生成吸睛标题

思考怎样的邮件标题客户看到了必点开？一定是直戳其痛点的，看起来能解决具体问题的，并且是有趣的，能唤起好奇心的，略显神秘的标题。

然后，根据以上需求输入提示词："请根据用户最痛的相关痛点来写这封邮件的标题，为这封邮件写 ×× 个邮件标题，请添加一些 ×× 感（如幽默感），语气要 ××。"

4. 生成精彩正文

要想 DeepSeek 写出精彩的邮件正文，我们输入的指令要求要清晰，描述要详细，目的要明确，信息点要全面，参数要具体。

输入提示词："你是 ××（角色限定），请从 ××（谁）的角度写一封情感真挚的电子邮件，并在邮件的结尾，清晰有力地引导收件人（做 ×× 动作，如下单购买等）。"

然后，明确邮件内容的关键点："能引起用户共鸣的 ××（痛点／积极愿景／消极场景），（产品／服务）的功能描述，对应的解决方案等；字数约 ××。"

最后，根据需要调整正文内容，就可以发送了。

当然，我们也可以根据业务需求，在提示词中加入更多细节描述、要求等。如果有写好的同类型邮件，也可以当成模板让 DeepSeek 先学习邮件内容、结构、语气等，使生成的最终邮件更符合要求。

1.2 AI+ 日 / 周 / 月报

职场打工人,都有这方面的苦恼——辛苦了一天,终于要下班了,可是关电脑前才发现日报还没写,周报还没酝酿,月报还完全没有头绪,只好重新坐定,打开文档……但是,自从 AI 出现之后,这样的情景就不再那么令人头疼了。因为只要熟练使用 AI 这个利器,无论日报、周报还是月报,写起来都会得心应手。

肯定有人说,我也试过用 AI 写这些报告,但是它似乎不太好用。读完上一节,我们应该已经明白了,AI 作为一个工具,无法直接生成一篇完美的报告,我们需要合理地指挥它,向它说清楚所有要求,它才能写出符合需求的报告。我们可以采用第一章第二节中的提示词框架,为自己编写一条结构化的提示词,下面提供一个简化的构建提示词的公式:任务指令 = 角色 + 目标 + 背景 + 要求。

● **角色**:AI 的角色定位,例如日报、周报等报告的撰写者,会议纪要助手,邮件回复助手等。明确角色有助于 AI 助手理解它在任务中担任的角色和重要性。

● **目标**:明确 AI 需要完成的具体任务,例如,撰写日报工作。确保目标明确,以便 AI 知道如何工作。

● **背景**:给 AI 提供任务相关的信息,帮助它更好地理解任务的背景,从而更好地完成任务。例如,提供与报告相关的数据、文件、音频、视频等参考资料,以便 AI 准确地撰写报告。

● **要求**:对 AI 提出具体要求,例如使用的语言、字数限制、必须包含的关键元素、格式要求、风格要求等。具体的要求可以帮助 AI 生成符合我们期望的结果。

通过这个公式,我们可以清楚地向 AI 陈述报告写作需求,并帮助它更好地完成任务。记住,AI 是一个工具,它需要明确的指导和要求才能生成让我们满意的结果。

下面,我们来看一则具体案例。

小赵是某科技公司的项目经理，负责监督研发一项重要的产品。每周周末，小赵都要向上司提交一份详尽的周报，以反映一周的工作进展和问题。

以下是小赵最初撰写的周报草稿。

"本周不仅完成了新产品原型的设计工作，还组织了团队会议，讨论研发进度，发现原型测试赛中有几个技术问题需要解决。此外，由于部分材料供应迟，影响了生产进度，还与供应商进行了沟通和协商，最终确保了材料可以稳定供应。下周，我计划带领团队解决技术问题，优化产品设计，继续推进研发团队的协作和沟通，同时，寻找备选供应商，确保材料及时到位。"

为了对报告进行润色和整理，使之更加简洁、重点突出，小赵输入提示词，请 AI 帮他快速整理一份条理清晰的工作周报。

提示词如下："你现在是我的商务写作助手（角色），我需要写一篇周报，总结上周已完成的任务、概述遇到的困难，并列出下周工作计划（要求），以下是我写好的周报草稿（背景）。请你按照以下几点要求来组织周报内容，帮我把这份周报改写得更有逻辑性和条理性：1. 突出关键成就；2. 明确指出遇到的问题及应对策略；3. 规划下一步的重点任务（要求）。"

一起来看看修改后的周报。

AI 修改后的周报

本周关键成就	问题及应对策略	下周重点任务
· 成功设计出新产品原型，并通过初步测试。 · 确保原材料的稳定供应，为生产提供了有力保障。 · 加强了团队间的沟通，提高了协作效率。	· 针对产品原型的技术缺陷，已列出解决方案，预计下周着手改进。 · 对于供应链的问题，已经联系多家供应商，确保材料供应不会中断。	· 对产品原型进行技术优化，确保质量达到预期标准。 · 完成新供应商的评估与选择，建立更为稳固的供应链体系。 · 持续优化团队协作流程，确保项目按照计划高效推进。

AI 根据小赵提供的资料和要求，不仅将周报梳理得更加清晰和专业，而且重点突出，让领导能迅速把握工作的整体进展和下周的重点任务。AI 的使用，不仅提高了工作效率，也让整个团队的工作更加有条不紊。

1.3 AI+ 资料投喂及总结

我们为什么要对 AI 进行投喂？原因有两点：一是有些资料是私人数据，未公开的，AI 无法从其他渠道获取；二是有些资料虽然是公开的，但是并不在 AI 的资料库中。

AI 就像是科幻小说里提到的"成长型机器人"，我们给它投喂的资料越多，它掌握的技能也就越多。

1. 可以给 AI 投喂哪些格式的资料

我们在给 AI 投喂资料时，肯定要考虑这个问题——给 AI 投喂的这份资料它可以识别吗？最开始，ChatGPT 只能识别文本资料，但是随着 AI 的迭代升级，现在无论是 TXT、PDF、PPT、Word，还是网页，它都能识别，甚至音频也可以通过 OCR 转换成文本再投喂，而短视频内容可以通过飞书妙记转换成文字再投喂。

如果我们不知道所使用的 AI 能够识别什么格式的资料，直接提问就可以得到答案，以 DeepSeek 为例，如下图所示。

> 我可以给你投喂哪些格式的材料？
>
> 已深度思考（用时24秒）⌄
>
> 你可以投喂以下格式的材料，我会尽力解析和处理（部分格式需要依赖工具辅助，效果可能因文件复杂度而异）：
>
> **一、文本类**
> - 纯文本：(.txt,.md 等)
> - 办公文档：Word (.docx)、PowerPoint(.pptx)、Excel(.xlsx)
> - 电子书：EPUB、MOBI、PDF（可提取文字，扫描版需 OCR）

您能处理的文件大小有限制吗?

> 🧠 已深度思考(用时18秒)⌄
>
> 是的,我对可处理的文件大小有一定限制,具体如下:
>
> ---
>
> **一、文件大小限制**
>
> 1. 建议范围
>   - 单文件:最好控制在 10MB 以内(文本类文件通常足够使用)。
>   - 超大文件:超过 10MB 可能导致处理缓慢、内容截断或无法解析。
> 2. 不同类型文件的注意事项
>   - 文本类(如 .txt、.docx、.pdf):10MB 可容纳数百万字,通常无须过大文件。
>   - 表格类(如 .xlsx):行数过多可能导致表格解析不完整。
>   - 多媒体类(图片/音频/视频):需依赖 OCR 或语音转文本工具,建议先提取文本再分段上传。
>
> ---

2. 投喂资料的限制

如上图所示,使用 DeepSeek 处理文件时,文件大小最好控制在 10MB 以内,而 ChatGPT 的最大中文输入量是 3000—4000 个汉字(包括标点),超过这个限制输入将被截断。由此可见,限制还是有的,但我们可以通过以下几种方式来解决限制。

● **内容摘要**:制作摘要或概要,只包含每个文件中最关键的信息和数据。

● **分割文件**:将大型文件分割成几个小文件,每次只发送一部分进行处理。

● **重点提取**:确定需要回答的具体问题,只发送与这些问题最相关的部分。

● **删除冗余**:移除文件中的冗余信息,如重复内容、过时信息,或不相关的细节。

● **合并文档**:如果多个文档包含相关信息,尝试将它们合并为一个更紧凑的文档。

● **格式调整**:有时候,文件的格式会影响字数统计,比如 PDF 中的图像可能被计入字数,可尝试将文件转换为纯文本格式。

● **关键部分标注**:如果难以缩减内容,可以在文件中标注出需要 AI 重点关注的部分。

● **利用链接**:如果文件内容来自网页,可直接提供网址链接,AI 可以访问并分析网页内容。

- **分批处理**：如果需要处理的信息量很大，可以分批次进行处理。
- **咨询专业人士**：如果不确定如何精简文件，可以咨询专业人士或使用专业的编辑服务。

在进行优化时，始终记住保留对回答问题至关重要的信息。如果我们不确定如何进行优化，可以上传文件后告诉 AI 我们的具体需求，它会尽力协助我们进行处理。

3. 使用 AI 进行资料总结

当我们有许多资料需要阅读并进行总结时，可以使用 AI 辅助。AI 资料的总结与资料投喂相似，可以说资料的投喂就是资料总结的前期工作。

使用 AI 进行资料总结，通常涉及以下几个步骤。

- **准备资料**：确保资料格式符合 AI 的要求，如 TXT、PDF、Word 文档等。
- **上传文件**：在线 AI 服务，通常有文件上传功能；如果是本地 AI 应用，则需要将文件放置在 AI 能够读取的目录下。
- **指定需求**：明确告诉 AI 助手需要什么样的总结，是全文摘要、关键点提取，还是特定部分的详细总结。
- **设置参数**：如果 AI 助手允许，可以设置一些参数，如总结的长度、详细程度或强调特定信息等。参数设置越详细，AI 生成的总结也会越详尽、越符合我们的预期。
- **AI 阅读与分析**：AI 会阅读我们提供的资料，并进行分析，识别关键主题、重要数据和主要观点。
- **生成总结**：AI 将基于参数和分析生成总结，总结形式可能是一段文本、一个列表或一个更详细的报告。
- **审阅与反馈**：在 AI 生成总结之后进行人工审阅，如果需要，可以提供反馈，或要求 AI 进行修改，直到达到我们所想要的结果。
- **迭代优化**：根据我们的反馈，AI 可以进行迭代优化，直到满足我们的需求。这一步与上一步相似。

- **应用总结**：使用 AI 生成的总结进行决策支持、报告撰写，或进行进一步的分析工作。

注意，AI 资料总结的效果很大程度上取决于资料的质量和 AI 的能力。虽然 AI 可以快速处理大量文本，并识别模式和关键信息，但它不会像人类一样理解复杂的语境和进行深度推理。因此，AI 生成的总结通常需要人工审阅和调整。在我们使用 AI 得到资料的总结报告之后，最好不要直接使用，而只将它作为大的框架、纲要或者是索引参考使用，其中的重点部分还是需要人工提取和总结，以免造成数据或情报的错误。

1.4 AI+ 快速了解行业信息

通过 AI 快速了解行业信息已是一项成熟的技术了。早在 2018 年，国内很多龙头企业就已经开始使用 AI 技术，来进行行业信息的了解和分析。随着技术的迅速进步，AI 的应用已经变得更加普遍和深入，可以帮助我们迅速掌握行业动态、竞争格局、市场份额、企业竞争力等方面的关键信息。

AI 在快速了解行业信息方面具体都能做些什么呢？

- AI 可以自动从互联网上收集和聚合与特定行业相关的新闻、博客文章和研究报告，通过自然语言处理技术，识别和过滤出最相关和最新的内容，为用户提供综合的最新信息源。
- 社交媒体是了解消费者意见和市场趋势的重要渠道。AI 可以分析社交媒体上的帖子、评论和讨论，识别情感倾向、热门话题和影响力人物，从而揭示行业动态和消费者需求。
- AI 可以帮助我们监控竞争对手的在线活动，包括产品发布、市场策略和客户反馈等。通过这些信息，企业可以及时调整自己的战略，保持竞争力。
- 利用机器学习和数据挖掘技术，AI 可以分析历史数据和当前的市场数据，预测市场发展趋势，把握潜在的增长机会。

● AI 可以从大量的行业报告和白皮书中提取关键信息和数据，帮助用户快速了解行业的现状和发展方向。

1.5 AI+ 会议记录整理

会议记录对于组织和管理的重要性不言而喻，它记录了会议议程、讨论内容、决策结果以及行动事项等，为会议参与者提供有条不紊的工作指南。此外，会议记录作为项目进展、任务分配和问题解决的重要信息来源，还在项目跟进中扮演着关键角色。然而，传统手动整理会议记录的方式往往效率低且容易出现遗漏、错误或信息不一致的情况。幸运的是，随着 AI 技术的不断进步，利用 AI 来整理会议记录既高效又准确，为众多"打工人"减轻了负担。下面我们将深入探讨如何利用 AI 技术来自动化整理、归档会议记录，以提高信息利用效率和准确性。

1. 获取会议内容文本

以往我们整理会议记录，大多靠笔记结合会议录音，然而，有的会议动辄开上几个小时，如果再花几个小时来听录音，其效率之低可想而知。现在，我们可以利用语音识别和文字转换技术，将会议录音迅速转换为连贯的文本信息。这样一来，不仅提高了整理会议记录的效率，还能够更快地回顾和分析会议中的重要讨论和决策过程。但是，这样做有一个很大的弊端，下面以一则由真实会议录音转换成的文字为例进行分析。

大家好啊！今天我们聚在一起来讨论一下 11 月的工作总结。首先，我想说声谢谢啊，真的要感谢大家，因为这个月大家真的超级努力，工作表现真的很牛！我们完成了好多重要任务，达到了好多重要目标。我再说一遍，这些成果真的是大家共同努力的结果。比如，我们成功地启动了新项目，和合作伙伴搞得很密切，还按时完成了之前的工作计划。

当然，也遇到了些困难，有些计划有点儿延迟，但是下个月我们可以再拼一些！让我们继续保持团结，继续拼搏，再次强调一下，大家一起努力，为公司的发展拼尽全力！谢谢大家啊，再次感谢大家的付出！嗯，具体来说，在这个月我们达到了几个重要的目标。首先，我们成功地启动了新项目，这个项目是我们公司的重中之重。

通过团队的努力，我们完成了项目的规划和准备工作，为下一步的实施做好了准备。而且，在和合作伙伴的交流中，我们取得了一些重大突破。我们详细讨论了项目的目标和任务，并且就合作方案达成了共识，这对项目的顺利进行有很大帮助。另外，在之前的工作计划中，我们还按时完成了几个关键任务，可以说这也是一个重要的目标。嗯，虽然在过程中遇到了一些挑战，但是我们齐心协力，共同克服了困难，取得了令人满意的成果。这些目标的达成，标志着我们在项目和工作进展上迈出了坚实的一步。虽然有点重复，但是我想再次强调一下，这些成果离不开大家共同努力和付出！谢谢大家！

可以看出，由于会议大多强调讨论和思维碰撞，因此难免会有许多烦琐、重复冗余的语言，让人无法迅速捕捉重点。而在会议内容文本的基础上使用 AI，就可以帮助我们快速整理出会议重点。

2. 使用 AI 删除冗余

打开我们常用的 AI 软件，将上面这段会议内容复制到 AI 对话框中，并向其下达指令"删除以上这段文字中重复、冗余、过于口语化的内容",就可以得到以下这段"瘦身"后的会议内容。

今天我们进行11月的工作总结。首先,我想说声谢谢,这个月大家的工作表现很不错!我们完成了很多重要任务,达到了许多重要目标。首先,我们成功地启动了重点项目。其次,通过团队的努力,我们完成了新项目的规划和准备工作,为具体实施做好了准备。而且,我们与合作伙伴详细讨论了项目的目标和任务,并且就合作方案达成了共识,对项目的顺利进行有很大帮助。另外,我们还按时完成了几个关键任务。虽然在过程中遇到了一些挑战,但是我们齐心协力克服了困难,取得了令人满意的成果。这些目标的达成,标志着我们在项目和工作进展上迈出了坚实的一步。

但是,这仍然只是一段文字性的会议记录,对于工作的指导性不强,归档起来也比较麻烦,因此我们需要进一步下达指令。

3. 根据会议内容形成大纲或思维导图

将以上会议内容复制到AI对话框中,下达指令"请以大纲的形式,提炼以上内容中的要点",就得到了一份简洁而概括全面的大纲。

> 11月工作总结
- 工作表现不错,感谢团队
- 完成重要任务和目标
    - 新项目启动
        - ✓ 新项目规划和准备工作完成
- 与合作伙伴达成共识
    - 讨论项目的目标和任务
    - 就合作方案达成了共识
- 按时完成关键任务
- 克服困难,取得满意成果,标志着项目和工作进展取得进步接下来,根据 AI 给出的大纲,输入指令"请根据以上大纲,生成思维导图",就可以获得更为简洁明了的思维导图了。

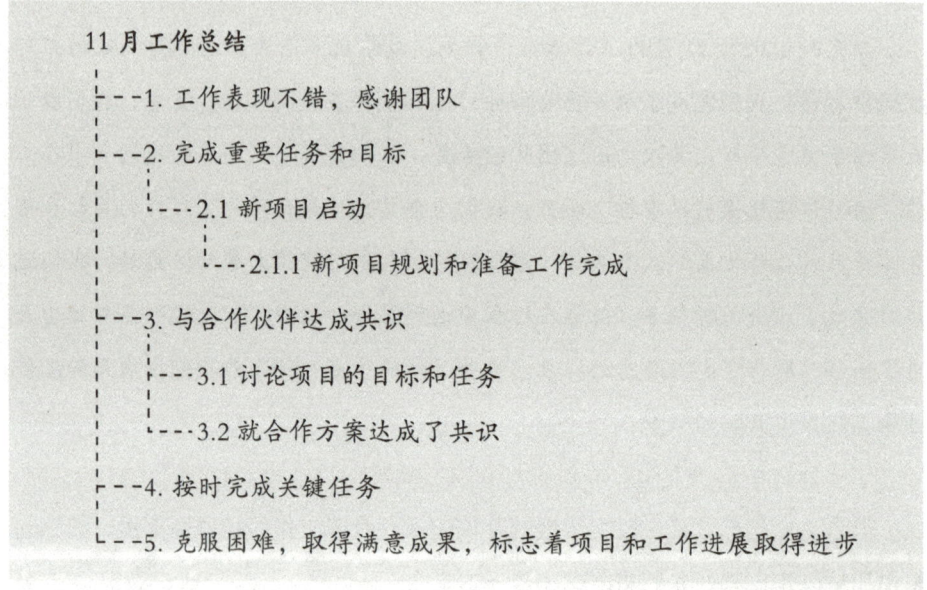

4. 会议记录归档

得到会议内容的文字记录、大纲和思维导图之后,我们可以利用 AI 进行会议记录的归档。具体操作步骤如下。

● **关键词标注**:利用 AI 对归档的信息进行关键词标注,这些关键词通常为会议的主题、关键议题、参与者姓名等,以确保在需要查找特定内容时能够迅速准确地定位到所需信息。

● **存档与备份**:将整理好的信息存档至合适的信息管理系统中,并进行定期备份,以确保信息的安全性。

● **创建索引**:根据关键词创建信息索引,便于快速定位需要的信息。

利用 AI 整理会议记录虽然省时省力,但还是有一些需要注意的事项。首先,数据隐私和安全性是至关重要的,关于隐私或商业机密等内容,尽量不用 AI 进行记录或改写。其次,不同 AI 技术可能在处理特定类型的会议记录上存在局限性，需要对技术的适用性有清晰的认识。最后，AI 处理的结果可能需要人工审查和修订，以确保准确性和完整性。

此外，目前市面上有很多会议、录音软件，已经实现 AI 自动梳理、提炼会议记录的功能了，比如通义听悟、飞书妙计、腾讯会议、讯飞听见等。

1.6 AI+ 发言稿

有了 AI，撰写发言稿不再是单调乏味的任务，而是一个充满创意和灵感的过程。下文将探讨如何巧妙地运用 AI 技术，撰写出更具魅力和说服力的演讲稿，让我们的演讲更加引人入胜、令人难忘。

1. 选择合适的 AI 工具

了解不同工具的特点和功能是至关重要的。在第一章中我们对目前国内外常用的 AI 工具进行了详细介绍，可以根据具体要求选择合适的，在此不再赘述。

2. 确定发言稿的关键词和主要目的

仔细考虑发言想要传达的核心信息、主题的逻辑顺序以及需要强调的重点，然后使用 AI 更有针对性地生成内容。比如，我们要以"可持续发展与环境保护：我们每个人的责任"为主题，写一篇公司年会发言稿件，我们可以提炼出如下关键词："可持续发展""可持续发展与环境保护的关联""每个人都应该承担的责任"。

接下来，我们要思考本次发言的目的。根据主题，我们可以将发言目的定为以下几种。

- **意识觉醒**：提高人们对环境问题的认识和关注，激发环保意识。
- **行动呼吁**：号召每个人都积极参与到环保行动中，采取具体措施保护环境。
- **责任承担**：强调每个人都应该为环境问题负起责任，不论是个人、企业还是政府。

3．根据关键词生成发言稿大纲

提炼出关键词之后,我们可以对AI下达如下指令:"请根据以上关键词和主题,生成一份发言稿大纲。"

下面是AI给出的大纲。

可持续发展与环境保护:我们每个人的责任

引言
介绍演讲主题:可持续发展与环境保护的紧密关系。
引出演讲要点:可持续发展的重要性、环境保护的紧迫性以及每个人的责任。

可持续发展的重要性
解释可持续发展的概念:满足当前需求,而不损害未来世代满足其需求的能力。
探讨可持续发展的意义:维护生态平衡、促进经济增长和社会发展。

环境保护的紧迫性
引出环境保护的定义:保护自然资源、减少污染、保护生态系统和生物多样性。
阐述环境保护的重要性:维护地球生态平衡、保障人类健康和生存。

每个人的责任
提醒听众环境保护不只是政府或组织的责任,而是每个人的责任。
强调个人在实现可持续发展和环境保护中的重要作用:节约资源、减少废物、支持可再生能源等。

结语
总结演讲内容:可持续发展与环境保护的紧密关联,以及每个人都应该承担的责任。
鼓励听众采取行动:每个人都能为环保事业做出贡献,共同创造一个更美好的未来。

这是一份非常完整的发言稿大纲,而且每一部分都给到了较为详细的内容分点。根据我们的发言时间,我们可以对这份大纲的"颗粒度"进行调整,比如将五部分内容浓缩成三部分,或者扩充更多细节点等。

4．结合发言重点和AI生成的大纲生成发言稿

以上面的简洁的大纲为例,结合我们拟定的发言目的,对AI下达指令:"请根据以上大纲和发言目的,写一份××字的发言稿。"以下是AI生成的发言稿。

可持续发展与环境保护：我们每个人的责任

尊敬的各位听众：

今天，我站在这里，心中充满了对我们地球的关切和对未来的期许。可持续发展与环境保护，不再只是空洞的口号，而是我们生存与发展的真正底线。我想与大家分享的不仅是一种认识，更是一种行动的方式。让我们共同深入思考，行动起来，为我们的地球负起责任。（此段即大纲中的"引言"）

让我们深入探讨可持续发展的含义。可持续发展不仅意味着满足我们当下的需求，更意味着保障我们后代子孙的生存权利。而环境保护，则是实现可持续发展的必经之路。我们的地球是一个巨大而复杂的生命体系，每一个物种、每一片森林、每一滴水都承载着生命的延续与繁荣。我们必须保护自然资源，减少污染，维护生态平衡，保护生物多样性。（此段即大纲中的"可持续发展与环境保护的关联"）

然而，环境保护不应只是一种理念，更需要我们每个人的实际行动。我们不能再袖手旁观，任由环境问题不断恶化。我们每个人都应当为环境问题负起责任。因此，我呼吁每个人都积极参与到环保行动中。无论是从小事做起，节约用水、垃圾分类，还是支持环保项目、倡导可持续生活方式，每一个行动都将汇聚成环保的巨大力量。（此段即大纲中的"每个人的责任"）

各位听众，让我们的意识觉醒，让我们行动起来。我们每个人都是地球的守护者，都有责任为环保事业贡献自己的一份力量。让我们共同努力，为我们的地球创造一个更加美好的未来。愿我们的心灵连接，为地球的绿色梦想添砖加瓦！谢谢！（此段为大纲中的"结语"）

至此，我们已经顺利地利用 AI 生成了一份基础版的发言稿，接下来可以通过进阶提示词让 AI 持续对原内容进行优化、润色，最终形成一份精彩的发言稿。

1.7 AI+PPT

在办公领域，做 PPT 也是一项相当重要的技能。在有了 AI 辅助之后，做 PPT 也变得简单高效起来。

我们要确定 PPT 的主题和目标。主题关系到之后确定内容、大纲以及 PPT 的整体风格，所以至关重要。我们可将已有的资料投喂给 AI，让它进行内容分析，帮助我们快速确定主题和目标。

在确定主题和目标之后，就要根据主题开始收集相关的文字、图片、图表等资料。AI 同样可以帮助我们快速收集资料，包括在线数据库、研究报告、新闻文章、学术论文、专业网站等。同时，AI 还可以帮助我们预处理资料，并且将资料进行初步分类，大大提高工作效率。

接下来，梳理资料，制定演示文稿的大纲。大纲一般包括封面、引言、正文（若干部分）和结尾，这个步骤与生成发言稿大纲类似，此处不再赘述。

- 在多轮提示词优化后，将 DeepSeek 生成的 Markdown 格式文本内容导入 AI 辅助制作 PPT 的应用，如 Mindshow，然后根据自己的需要和喜好，选择合适的风格模板、样式布局，即可快速获得一份完整的 PPT 初稿。

- 详细优化每一页内容。在这一过程中，可以让 AI 根据细纲写出具体内容。同时，我们要不断地拆分、优化、修改，加入自己的个人想法和见解，个人的观点才是整个 PPT 的精华所在。

- 内容确定之后，我们还可以利用 AI 绘画工具制作一些精美的、符合主题的图片，或者使用一些模板类的 AI，让我们的 PPT 排版更有设计感。

按照这么几个简单的步骤进行，一份精美的 PPT 就做好了。

除了 DeepSeek，有同样功能的 AI 还有很多，比如 Kimi、ChatGPT、Claude、文心一言、智谱清言等；AI 制作 PPT 的工具有 Mindshow、WPS AI、爱设计 PPT 等。

1.8 AI+Excel

　　Excel 是微软公司的重要产品，属于办公必备软件。Excel 功能强大，但是要用好 Excel，也要付出学习成本。在 AI 技术辅助下，我们可以更快、更好地制作和优化 Excel 电子表格，从而极大地提高工作效率、数据分析能力。在辅助制作 Excel 表格方面，比较推荐的 AI 是 DeepSeek、ChatGPT 和 New Bing，我们可以按照以下步骤来进行 Excel 表格制作。

1. 数据清洗和预处理

　　AI 可以自动识别和纠正数据中的错误，如重复项、格式不一致或缺失值。这有助于提高数据质量，确保后续分析的准确性。

2. 数据分析和可视化

　　AI 可以通过分析大量数据来识别趋势、模式和异常值，还可以自动生成图表和可视化，如柱状图、折线图、热力图等，帮助用户直观地理解数据。

3. 公式和函数建议

　　对于复杂的数据分析，AI 可以提供公式和函数的建议，甚至自动填充计算公式，减少人为错误，并提高计算效率。

4. 数据透视表和报告生成

　　AI 可以辅助我们创建数据透视表，快速汇总和分析数据。此外，它还可以基于分析结果生成摘要报告，提供关键指标和见解。

5. 预测和趋势分析

　　利用机器学习算法，AI 可以对数据进行预测分析，如时间序列预测、分类预测等，帮助用户预测未来趋势，从而做出决策。

6. 宏和自动化脚本

　　AI 可以帮助我们创建宏和自动化脚本，以简化重复任务，如数据导入、格式设置、批量更新等。

7. 优化和建议

AI 可以分析我们的工作流程和习惯，提供优化建议，如更高效的数据组织方式、自动化任务的可能性等。

8. 交互式仪表板

AI 可以创建交互式仪表板，我们可以通过点击和筛选来探索不同数据维度，实现动态的数据展示和分析。

9. 错误检测和修正

AI 可以检测表格中的错误，如错误的引用、公式错误或数据不一致等，并提供修正建议。

10. 安全性和隐私保护

AI 可以帮助识别和保护敏感数据，确保表格中的隐私信息不被泄露，确保数据的安全性和隐私性。

11. 个性化和定制化

AI 可以根据我们的具体需求和偏好提供个性化的服务，如定制化的数据分析模板、报告格式等。

除上述内容外，利用不同的 AI 辅助制作 Excel 表格还有许多不同的优点和操作技巧。

1.9 AI+ 思维导图

随着 AI 技术的不断发展，我们的工作和学习方式也在不断进化。思维导图作为一种有效的工具，可以帮助我们整理、梳理和展示所需的信息，实现更加高效和清晰的思维表达。现在，借助 AI 技术，我们可以更轻松地生成思维导图，省去了烦琐的手工绘制和排版过程。

选择合适的 AI 生成思维导图，我们要考虑多个方面。首先，考虑工具的功能与特点，包括自动分支生成、智能推荐、自定义样式等。其次，选择用户友好的工具帮助我们更快上手，如直观的界面、便捷的操作方式，以及清晰的指导等。

选择了合适的 AI 之后，接下来我们以上文的发言稿为例来介绍如何使用 AI 生成思维导图。

1. 输入文本并提取关键词

将上文所写的发言稿复制到 AI 对话框，并下达指令："请根据文本提取关键词。"AI 执行指令后，我们得到了如下关键词。

地球，可持续发展，环境保护，行动，责任，认识，需求，后代子孙，生存权利，环境问题，生态平衡，自然资源，污染，生物多样性，实际行动，小事，节约用水，垃圾分类，环保项目，可持续生活方式，意识觉醒，守护者，美好未来，绿色梦想。

对于制作思维导图来说，这些关键词数量过多，因此我们继续下达指令："仅保留核心关键词。"于是，得到如下核心关键词。

可持续发展，环境保护，行动，责任，自然资源，实际行动，意识觉醒。

这些关键词将成为思维导图的主要元素。

2. 利用关键词生成思维导图

关键词相当于思维导图的骨架，得到关键词后，我们就可以下达如下指令："请结合关键词，根据文本的内在逻辑，生成思维导图。"

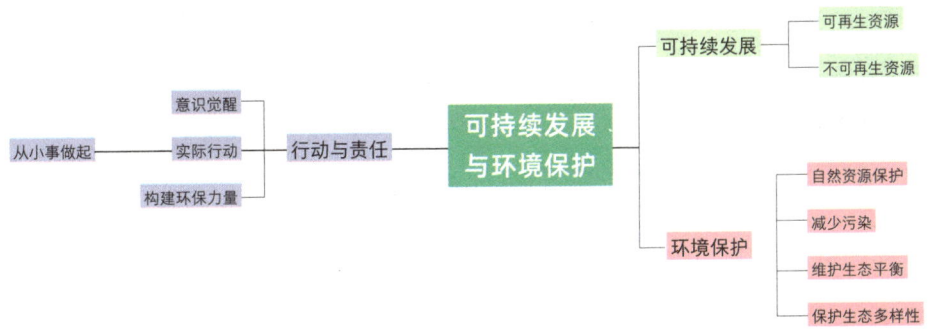

3. 调整和修改思维导图

根据我们使用的 AI 工具所提供的功能,可以对思维导图的样式进行修改,或进一步调整其中的逻辑,衍生出更多的子主题。

4. 保存和分享思维导图

完成对思维导图的调整后,我们可以将其保存在计算机或云存储中,以备将来使用,还可以将思维导图分享给他人,以便进行协作或展示。

1.10 简历优化

利用 AI 来优化简历,针对目标岗位的要求和工作内容,优化工作经历,可以让我们的亮点更突出,与用人单位的期望更接近,更容易在筛选阶段脱颖而出。那么,如何利用 AI 优化简历呢?先来看看整体思路。

1. 提取工作内容和岗位要求的关键词

提示词示例:"你是一位专业的人力资源,我将会发给你 1 份与 ×× 领域相关的岗位要求,请你分析招聘信息并用中文总结、提炼该岗位的主要职责、岗位要求、岗位关键词和该岗位需要的能力,并为简历中的工作经历部分编写详细、具体的指导(输出 ×× 条实操性强的简历编写意见)。"总结分为主要职责、岗位要求、岗位关键词、该岗位需要的能力、简历编写意见,并以如下方式逐条输出。

主要职责

1.

2.

3.

岗位要求

1.

2.

3.

岗位关键词

1.

2.

3.

该岗位需要的能力

1.

2.

3.

简历编写意见

1.

2.

3.

你明白了吗？如果明白，请告诉我"请提供岗位要求"。

2．理解目标岗位需求

根据 DeepSeek 输出的内容，思考并明确与该岗位相关的以下几点。

- **主要职责**：是否为我们想做的工作？是否与我们的职业规划相匹配？
- **岗位要求**：是否与我们的工作经历相匹配？与哪段工作经历匹配程度更高？
- **岗位关键词和该岗位需要的能力**：这两部分是需要在工作经历中着重体现的。
- **简历编写意见**：可以为我们筛选、编写工作经历提供参考。

3. 梳理相关工作经历

（1）根据岗位工作内容要求梳理

参考岗位要求和工作内容，先把相关的工作经验都梳理出来，重点提炼在这段经历中取得的成就，列出关键数字、可量化指标等，增加说服力。

（2）根据岗位能力要求梳理

很多时候，我们的工作经验和目标岗位等要求并不是特别匹配，但我们完全具备完成目标岗位工作内容的能力。而这恰恰十分关键，因为能力是底层的、可迁移的，而技能是表层的、可快速学习的；用人单位并不奢望找到一个完美符合岗位所有要求、工作经验完全匹配的候选人，而是在找一位在短期内能成长的"潜力股"。因此，我们可以参考 DeepSeek 给出的"该岗位需要的能力"，思考如下问题。

胜任这个岗位需要哪些底层能力？

这个岗位的主管希望候选人具备哪些关键技能？

在之前的工作中，哪些项目经历可以体现出上面这些能力？

同样地，先将思考结果梳理出来，列出成果、关键数字、可量化指标等。

（3）筛选工作经历，并按匹配程度排序

简历上的空间是有限的。因此，突出显示的工作经历，一定要是最有代表性、和目标岗位要求最契合的。同时也要注意，筛选出的几段经历，要能体现自己不同方面的能力和经验，最好能覆盖各个岗位要求的关键词。

4. 优化工作描述：项目经历 + 岗位关键词 + 个人成就展示

（1）准备工作描述初稿

● **撰写工作描述**：这一步很简单，概括描述我们之前工作中的项目，以及在这个项目中我们担负哪些职责、做了什么（简略），取得了什么成就（重中之重），有哪些可量化的指标或数据可以进一步证明等。语言要尽量简洁，重点突出。

- **工作经历分类**：把写好的每段工作经历按目的进行分类。如果想体现自己的工作经历与所应聘的岗位相匹配，那就按岗位要求进行分类；如果想体现自己具备岗位需要的能力，那就按不同的能力进行分类。

（2）ChatGPT 协助优化

大家都知道，HR 的时间是有限的，成就突出、符合需求才有可能在成百上千份简历中脱颖而出，因此，工作经历描述不仅要简洁、有逻辑，还要尽可能多地包含岗位关键词。

- **叙述结构优化**：想要实现用最少的字讲最重要的事，且有最抓眼球的效果，除了提升自己的表达能力，还可以尝试套用以下经典的表达模板。

PAR 法则

Problem（问题）：阐述面临的挑战或问题。

Action（行动）：描述所采取的解决问题的行动。

Result（结果）：总结行动带来的结果和成就。

CAR 法则

Challenge（挑战）：描述面临的挑战或目标。

Action（行动）：说明采取什么行动来应对挑战。

Result（结果）：总结行动带来的结果和影响。

以上这些表达模板也适用于面试中的结构化表达。

- **关键词添加**：在上一步中，我们已经按工作内容或能力对不同的工作经历进行了分类，这一步，就是让 ChatGPT 根据对方的要求，优化我们的工作经验，以提高匹配度。

提示词示例："你是一位资深 HR 和简历优化专家，请帮我优化简历中的工作经历部分，我会向你提供我的工作经历，并告诉你我想重点展示的关键词和技能。"请你根据以下要求，帮我优化这段经历的表述。

1. 使文本尽可能地包含我所提供的关键词和技能（我会告诉你我想展示的对应的关键词和技能）。

2. 强调我的成就而不仅仅是工作内容；通过可量化的指标或数据进一步证明我的成就。尽可能体现以我的现有工作经历，可以超预期完成以上岗位要求中的主要职责。

3. 请使用"××法则"（见上文）描述这段经历，使其逻辑清晰，重点明确。

4. 根据我的要求，按字数要求，输出指定语言。

之后，ChatGPT 会提供如下引导。

ChatGPT

您好，我是您的简历优化专家。为了提高您简历的专业性和吸引力，请提供您的工作经历的详细信息。您应该包括希望突出显示的关键词和技能，我将基于这些信息优化您的工作经历描述。请按照以下格式提供信息。

工作经历：
重点展示的关键词和技能：
* 关键词 1：
* 关键词 2：
* 技能 1：
* 技能 2：
字数：
表达模板（如有）：
输出语言：

2 AI+ 业务场景应用

2.1 AI+ 营销

AI 不仅在环境分析、市场调研、消费者行为分析等领域展现出巨大潜力,还能通过数据驱动的洞察,获得更精准的消费者行为预测,从而实现个性化营销。AI 技术正在革新营销的方法,使市场营销活动更加高效和精准。下面我们一起来看看 AI 在几个营销关键领域中的具体应用。

1. 环境分析与市场调研

AI 可以系统地分析大量的行业报告、新闻和社交媒体内容,从中快速识别出行业趋势和市场动态。例如,使用自然语言处理技术,AI 工具,如 IBM Watson 可以监测并分析来自全球的新闻报道和在线文章,帮助企业了解行业环境变化,从而发现潜在的市场机会。

2. 消费者行为分析

AI 可以分析大量的消费者数据，如购买历史、搜索习惯和社交媒体活动，帮助企业绘制出明确的消费者画像，以揭示消费者的偏好和行为趋势，从而设计出更有针对性的营销活动，更好地满足目标市场的需求。例如，Amazon 使用机器学习模型来分析顾客的购物习惯，从而推荐产品，并提供个性化的营销信息，显著提高了顾客的购买率和满意度。

3. 竞争分析

使用网页监控工具，如 Visualping，可以实时监控竞争对手的在线活动，并分析其产品发布、营销活动和客户反馈，为企业制定营销对策提供数据支持，确保企业快速适应市场变化。

4. 设计个性化营销策略

个性化一直是营销的热点和难点，而 AI 技术的应用使得大规模个性化营销成为可能。使用工具，如 HubSpot，企业可以根据每个消费者的行为和偏好自动调整邮件、广告和网站内容，这种一对一的营销方式可以显著提高消费者转化率。

5. 优化营销预算

AI 还可以帮助营销人员更有效地分配预算。通过预测分析，AI 能够识别出哪些营销渠道和活动能产生最大的 ROI（投资回报率），这意味着企业可以将资源集中投入最有可能产生最佳成果的活动中，从而减少浪费，并最大化营销投入的效果。

6. 自动化与效率提升

从自动发送定制化电子邮件到社交媒体管理，AI 工具如 Mailchimp 的自动化电子邮件营销功能，可以在减少人力需求的同时保持与客户的持续互动。此外，AI 也能通过聊天机器人等形式，提供 24 小时的客户服务，即使在非工作时间也不会错过任何潜在客户。

7. 制定产品策略

使用 AI 分析工具，如 Tableau 或 Power BI，通过分析消费者反馈和市场需求，企业可以确定哪些产品或服务最受欢迎，还可以预测新产品的市场表现并以此来制定有效的促销策略。

8. 优化促销活动

AI 还能够通过预测分析确定最佳的促销时机和方式，优化促销活动的执行。例如，某饮料公司曾利用 AI 分析消费者行为数据来确定其促销活动的时间和地点，以提高促销活动的回报率。

企业需要不断地探索和实施这些先进的、由 AI 驱动的营销技术，以确保在竞争激烈的市场中保持领先优势。

除了以上在营销领域中的应用，AI 在创作多样化的营销文案方面也展现出了独特的价值。

1. 营销文案模型搭建

利用 AI 工具，如 DeepSeek，套用已有的营销文案模型（PAS 模型、FBA 模型、"英雄之旅"模型等），可以快速生成符合品牌语言和目标市场需求的文案，大幅提高文案创作的效率。

2. 公关稿创作

在公关危机管理或品牌形象塑造中，准确和及时的沟通至关重要。AI 通过分析历史数据和类似事件的处理结果，可以帮助公关团队制定出更快捷、有效的应对策略。此外，AI 工具如 Quill 或 Wordsmith 可以辅助生成公关稿件，确保信息的一致性和准确性，同时加快响应速度。

3. 带货文案创作

随着电商和社交媒体营销的兴起，高效且具吸引力的带货文案成为销售成功的关键。例如，使用 AI 工具，如 Copy.ai，营销人员输入产品特点，AI 将分析消费者的购买历史和在线行为，自动生成匹配度高的、吸引用户的带货文案。

4. 品牌故事创作

一个品牌的文案，主要作用是传达品牌价值观，建立品牌形象，提高品牌知名度，促进销售和转化，建立信任，引导消费者行为等。通过数据分析和预测，AI 技术可以帮助我们更加准确地把握目标受众的需求和兴趣，同时提供更加精彩而深入人心的品牌故事，帮助品牌在竞争激烈的市场中脱颖而出。

下面，简单展示品牌故事创作的具体应用步骤及思路。

步骤一：明确品牌形象和目标受众

AI 工具推荐：百度智能云的情感分析工具。

目的：通过分析目标受众的在线行为和讨论，了解他们的兴趣和偏好，以及对特定品牌形象的情感倾向。

步骤二：生成文案创意和主题

AI 工具推荐：DeepSeek、ChatGPT、Kimi Chat、文心一言等。

目的：根据品牌的特点和目标受众的分析结果，生成符合品牌调性的文案创意和主题。

步骤三：撰写和优化文案

AI 工具推荐：DeepSeek、ChatGPT、Kimi Chat、文心一言等。

目的：将创意转化为具体的文案，并使用 AI 进行语言风格和语法的优化，确保文案的专业性和吸引力。

步骤四：设计文案的视觉呈现

AI 工具推荐：Midjourney 或腾讯 AI Lab 的图像识别和设计工具。

目的：为文案配上符合品牌形象的视觉元素，如图片、图表或视频，增强文案的整体表现力。

步骤五：发布前的社交媒体优化

AI 工具推荐：微博易的智能发布系统。

目的：分析社交媒体的最佳发布时间和用户活跃度，优化文案的发布策略，以便在社交媒体上获得更好的展示机会和互动。

步骤六：监测和分析文案效果

AI 工具推荐：阿里云的数据分析服务。

目的：收集和分析文案发布后的用户反馈和互动数据，了解文案的效果，并为未来的文案创作提供改进方向。

虽然 AI 在营销领域提供了诸多便利和优势，但实践中也存在一些挑战。比如，因为数据质量和完整性是 AI 准确执行任务的基础，所以企业需要确保所收集的数据既全面又符合隐私标准，AI 才能发挥最大效能。此外，对 AI 结果的依赖可能导致创意缺乏，因此在实施 AI 技术时，还需加入我们自己的创意和想法。

2.2 AI+ 销售

当谈到如何利用 AI 技术促进销售时，我们不得不感叹科技的快速发展给商业领域带来的巨大变革。在这个数字化时代，AI 不仅令我们的生活更加便利，也深刻影响着企业的销售策略和方式。销售团队正在逐渐意识到，利用 AI 可以提高销售效率，改善客户体验，并取得更加可观的业绩。本小节将深入探讨如何充分利用 AI 技术在销售邮件、成交话术以及客服与智能呼叫领域的应用，帮助企业实现销售流程智能化。

1. 销售邮件

销售邮件就是企业发送给潜在或现有客户的电子邮件，通常包含营销信息、产品介绍、促销活动等内容，目的是吸引客户的兴趣，促使他们与企业互动并最终购买产品或达成合作。

当客户在购物网站上浏览一些产品或服务时，大数据可以记录下客户的动作，然后分析他们对什么商品感兴趣。比如，一家网上商店发现某个客户最近在他们网站上看了很多家具产品，比如沙发、地毯和窗帘等。他们可以用 AI 技术来分析客户的喜好，然后给他发送一封个性化的邮件，推荐符合他喜好的沙发及配套的地毯和窗帘等，同时提供一些打折信息，比如："亲，您看的这款真皮沙发，是本季的明星产品，它已经创下了月销××的纪录！根据这款沙发的风格，我们的专业设计师为您提供以下搭配。如果您觉得满意，同时购买两件或两件以上产品，就可以享受8折优惠哦！"这样做不但可以让客户觉得被重视，还可以提高邮件被打开的概率和最后购买的概率。

2. 成交话术

成交话术就是帮助销售人员与客户进行有效沟通，引导他们做出购买决定的专业用语和技巧。通过这些话术，销售人员可以回答客户的疑问，提供优惠方案，并向客户展示产品的优势等，最终促使他们做出购买决定。

那么，我们要怎样利用AI来组织一套灵活好用的成交话术呢？需要收集大量的销售数据，包括客户对话记录、销售成功案例、常见客户反馈等信息。这些数据可以通过一段时间的观察，从日常销售过程中总结，也可以从很多销售培训机构提供的资料中下载。将这些内容作为AI模型的训练数据进行投喂，同时提供相应的标签或标记，如"产品介绍""非销话题""逼单话术"等，是生成成交话术的基础。

有了足够的训练数据，我们就可以利用AI生成针对特定情境或客户群体的成交话术了，比如下面的成交案例话术、针对客户疑虑的定制化解决方案话术、促成交易话术等内容。如下图所示。

| 成交案例 | 定制化解决方案 | 价值提升 | 促成交易 |

很多老客户对我们的产品赞不绝口呢,比如××(客户名称),他们反馈说我们的产品帮助他们……(客户具体获得的好处),用起来特别方便,大大提高了效率!

针对您的具体需求,我们可以提供定制化的解决方案,确保我们的产品或服务能够完全符合您的期望和要求。我们的团队将竭诚为您提供支持,并为您量身定制最适合的方案,以实现最佳效果和价值。

通过选择我们的产品或服务,您不仅可以获得……(产品或服务的功能和优势),还可以获得额外的价值和收益,例如……(列举附加价值)。我们相信与我们合作将为您带来更多商机和成功机会。

您对我们的产品应该是很感兴趣了,那您目前的顾虑是什么呢?您放心,我们的售后服务可是一流的,当然,如果您想要折扣或者赠品,我们也可以为您争取!

当然,AI 成交话术也并非适用于所有产品和销售人员。销售团队可以在实际销售过程中将客户的问题输入 AI,使用 AI 即时生成灵活的成交话术,辅助销售人员与客户进行沟通,以提高销售效率和成功率。

3. 客服与智能呼叫

客服团队和智能呼叫系统在销售过程中扮演着重要角色。客服团队通过为客户提供支持、解决问题、促进销售以及收集市场反馈,来保持客户关系并提高销售效率;智能呼叫系统则可以自动拨打电话跟进客户,通过进行数据分析和预测来提高通话效率。如果将两者结合起来,就可以为企业实现成功的销售和客户关系管理提供强大支持。

利用 AI 技术提供智能客服服务,可以实现全天候不间断的即时服务,有效提高客户满意度。要实现 AI 智能客服服务,通常可以从以下几个步骤开始。

(1)数据收集与整理

收集客户常见问题、服务请求和相关回答等数据,对数据进行整理归类,确保数据质量,同时也为形成客户数据库做准备。

(2)语料库建设

构建用于训练和优化 AI 客服模型的语料库,包括常见问题、对应答案、实际对话等内容。我们可以将收集整理的海量内容(包括从调查机构得到的数据等)投喂 AI,让 AI 分析并提炼这些内容中的关键词,形成标签,比如"售后服务""产品质量问题""投诉与建议"等。

(3)对话设计与逻辑编排

将相关的回复内容按关键词进行分类,确保 AI 系统能够准确理解用户提问并给出正确的回复,可以参考以下几点。

- 用户:你好,请问我可以在哪里查询订单状态(关键词)?

智能客服:您可以登录您的账户,在"订单"选项下查询订单状态。

- 用户:我的包裹(关键词)好像延迟了,怎么办?

智能客服:非常抱歉给您带来不便,请提供您的订单号,我将为您查询包裹状态。

- 用户:我感觉不舒服,如何预约看病(关键词)?

智能客服:您可以登录我们的 APP,选择预约挂号功能,就可以选择合适的医生进行预约了。

- 用户:我忘记了今天的用药时间(关键词),该怎么办?

智能客服:建议您立即查看药品说明书或者咨询医生,确保按时服药。

(4)部署与优化

将训练好的 AI 智能客服系统部署到实际应用中,通过与实际用户的互动不断优化客服服务,以提高客户满意度。不过,AI 不是万能的,我们必须定期监控 AI 智能客服系统的表现,收集用户的真实反馈,然后根据这些反馈及时更新和改进智能客服的回话内容,以确保客服系统始终保持高效和准确。

利用 AI 系统提供智能呼叫服务,可以提高呼叫中心和客服中心的服务效率。要实现 AI 智能呼叫服务,通常可以从以下几个步骤开始。

（1）自动语音识别

智能呼叫服务可以通过 AI 的自动语音识别技术，实现对用户语音输入的识别和转录，帮助用户快速与系统进行交互。这在生活中很常见，比如我们打电话去电信或者移动查询话费，接待我们的就是语音识别系统。它会提示我们简单地说出要求，比如"查话费"，然后为我们提供相应的服务。

（2）智能路由实现转接

系统理解了我们说出的要求之后，可以通过智能路由，将通话转接到最适合的部门或客服人员，提高问题解决效率。比如我们要查询话费，就会由机器自动播报我们的当月话费详情，如果我们需要人工服务，几秒的等待之后，就会有服务专员接听电话。

（3）智能回访

智能呼叫服务可以记录用户通话历史和需求信息，实现智能回访功能，帮助企业更好地跟踪用户反馈和服务质量。比如我们对当月话费提出疑问，或者投诉一些不合理的扣款，系统处理完之后，通常会在 24 小时之内自动回拨我们的电话，询问我们的问题是否解决。

3　AI 自动化办公工具制作

3.1　微信机器人

微信机器人是一种自动化工具，能够模拟人类用户的行为，帮助用户在微信平台上执行各种任务，如自动回复消息、管理群聊、发送定时消息等，以提高工作效率和互动性。这些机器人通常基于微信的 API 或第三方服务构建。

1. 微信机器人的分类

从终端来分类，微信机器人可分为手机微信机器人、电脑微信机器人；从操作系统来说，可以分为 PC 微信机器人、MAC OS 微信机器人、安卓微信机器人和 iOS 微信机器人；从实现原理来分类，分为协议机器人、注入式机器人（有痕侵入）和非注入式机器人（无痕侵入）。

2. 微信机器人的功能

- 自动回复：用户可利用机器人自动回复消息，包括文本、图片、链接等。
- 群聊管理：机器人可以帮助用户管理微信群，如自动欢迎新成员、发送群通知、维护群规等。
- 定时消息：用户可以指定机器人在某一时间自动发送设置好的消息。
- 内容推送：机器人可以定期推送新闻、天气、生活小技巧等信息。

3. 微信机器人的应用场景

● **客服自动化**：企业可以使用微信机器人自动回答客户咨询，提供全天候的在线服务。

● **营销推广**：电商和营销人员可以利用机器人定时发送促销信息、活动通知等。

● **社群管理**：社群运营者可以使用机器人管理群聊，提高微信群的互动性和成员参与度。

● **个人助理**：个人用户可以利用机器人进行日常事务的提醒、信息查询等。

4. 普通人如何创建和使用微信机器人

很多人认为微信机器人离我们很遥远，其实不然，大多数人都接触过微信机器人。比如我们都很熟悉的自动回复和微信群里的智能管理员等。如果我们想拥有自己的微信机器人，可以通过以下步骤实现。

（1）准备事项

● **一部智能手机和微信号**：建议使用新创建的微信账号，因为存在被封禁的风险。手机只要是智能手机即可，型号不限。

● **一台云服务器**：腾讯有免费提供给新用户使用的服务器，进入腾讯云的服务平台，按照指引进行操作即可。

（2）下载安装 Docker-Compose

Docker-Compose 是一个用于定义和运行多容器 Docker 应用程序的工具。简单来说，它就像是一个指挥官，帮助你管理多个 Docker 容器，让它们能够协同工作。

假设我们有一个复杂的应用程序，它由多个部分组成，比如一个数据库、一个后端服务器、一个前端界面，以及可能的其他系统等。如果没有 Docker-Compose，我们需要手动启动每一个部分，并且确保它们之间的配置正确无误，这显然非常烦琐和容易出错。

而 Docker-Compose 就像一个"一键启动"按钮，让各个部分作为一个整体运行，这样，我们就可以更加专注于应用程序本身了。

（3）机器人的设置与测试

● **申请 API**：可以使用科大讯飞、Kimi、OpenAI、ChatGLM 等 AI 工具，去官网申请 API 即可。需要注意的是，前两个工具提供的 API 是免费的，后两个则是收费的。

● **参数调整**：按照个人的需求进行启动文件的相关参数调整。

● **进行测试**：为确保机器人正确运行，开发者通过私聊测试和群聊测试进行模拟对话测试，检测技能配置是否生效。

● **发布机器人**：测试成功后，机器人可以进行线上发布，并通过微信公众号、小程序或 H5 页面等渠道提供服务。

当然，具体操作的时候可能会出现各种不同的情况，相对应的解决方案也不尽相同，无法一一列举，不再赘述。

3.2 飞书机器人

什么是飞书机器人

飞书机器人是飞书开放平台提供的一项功能，它允许开发者以较低的开发成本（只需在服务端开发）创建自动化的程序，以拟人化的身份在飞书平台上进行消息推送（包括单聊、群组消息推送），并与用户进行简单交互。飞书机器人可以集成企业系统，提供一站式的系统使用体验，同时支持丰富的消息类型，包括文本、图片、文件以及消息卡片等，以更好地触达用户。

1. 飞书机器人的开发类型

● **应用机器人**：需要在飞书开放平台中创建。应用机器人经过审核发布后，用户可以直接与其单聊，或在群聊中添加使用。应用机器人可以调用飞书的开放接口，获取和使用用户及租户资源。

- **自定义机器人**：只能在群聊中使用，通过调用 webhook 地址完成消息推送。配置简单，但使用范围有限，不能单聊，也不能调用飞书的开放接口。

2. 使用场景

飞书机器人可以应用于多种场景，如以下几种。

- 自动推送通知和提醒。
- 与用户进行简单的交互。
- 集成外部系统，如监控报警、任务调度等。
- 管理和维护群聊，如新人入群欢迎、自动回复等。

4 AI+ 副业

4.1 AI 时代，普通人也可以成为"超级个体"

AI 技术不仅引起了工作模式的巨大变革，也为每个普通人带来了前所未有的机遇。对于那些愿意拥抱新技术的人来说，现在正是利用 AI 扩展个人能力、探索副业机会，甚至改变职业选择的绝佳时机。

不断变化的技术环境意味着新的职业机会和风险并存。AI 的广泛应用提高了工作效率，虽然这也意味着某些工作及技能可能变得不再那么有价值，但 AI 也开辟了新的职业领域和创收方式，使得具备前瞻性思维的人能够一步一步开拓新的创收路径，甚至是打造强大的个人品牌，实现经济自由和职业多元。

1. "超级个体"的崛起：从赚小钱到建立影响力

当我们谈论个人品牌和影响力时，不得不提到"超级个体"这一概念。什么是"超级个体"？"超级个体"是那些能够利用自己的专业技能、人脉资源和个人品牌，在某一领域内建立起强大影响力的个体。他们利用数字工具独立从事创造性工作，并通过网络平台，将小规模项目扩展为可观收入源的个体。"超级个体"不依赖传统的企业结构，不受地域限制，而是通过网络和社交媒体，在全球范围内寻找机会，利用自己的专业技能或独特见解，直接与全球客户或观众互动，实现自我价值的最大化。

2. 从小处开始：用 AI 赋能副业

成为"超级个体"并不是一蹴而就的，需要我们不断地学习、实践和优化，从赚小钱开始，逐步积累经验、资源和影响力。在这个过程中，AI 可以成为我们的强大助手。

开始时，我们可能只是利用 AI 管理日常任务，提高个人工作效率，节省出更多的时间来开展副业。但随着对 AI 工具熟悉程度的提高，我们可以逐步将其应用到更具创造性的领域。例如，通过使用 AI 来辅助内容创作，可以在工作之余快速生成高质量的文章或视频内容，吸引关注并逐渐建立起自己的粉丝群体；或是通过 AI 辅助生成图片，制作壁纸、头像等，迈出副业创收第一步。

3. 扩大影响：社群和网络的力量

随着个人品牌的逐渐成型，扩大影响力和业务范围成为可能，而 AI 在这个过程中将继续扮演至关重要的角色。利用 AI 进行受众数据分析和推广策略优化，我们可以确保内容精准地触达那些最感兴趣的观众。这不仅能提高信息传播的效率，也可以增强内容的个性化和互动性，还能为建立高黏性的客户关系奠定基础。

例如，开设在线课程时，AI 可以帮助分析哪些课程主题最受欢迎，进而指导我们创建相关内容，满足受众需求。同样，在电子书发布或研讨会组织中，AI 的数据驱动洞察可以帮助我们选择最佳的发布时间和推广渠道，确保最大化覆盖用户。

此外，AI还能助力优化社群运营，通过自动化工具，如聊天机器人来维持与受众的日常互动，保持社群的活跃度，同时分析用户反馈和参与数据，持续调整社群策略，以吸引新成员加入。

通过这些途径，AI不仅增强了我们作为内容创作者或传播者的能力，还为我们提供了扩展业务、增加收入的实际工具和策略，帮助我们的个人品牌有机会在竞争激烈的市场中脱颖而出。

4. 成为"超级个体"：持续创新与学习

成为"超级个体"的道路充满挑战，但回报也极其可观。成为"超级个体"的关键是不断学习新技能和适应市场变化，利用AI进行深入的市场分析和趋势预测，可以帮助我们洞察市场动向和消费者行为，从而及时调整策略，并捕捉新的商业机会。

例如，AI可以帮助我们识别哪些主题的受众正在快速增长，或者预测接下来哪种类型的内容可能会成为流行趋势。这样的洞察力使我们能够提前准备和发布对受众有高度吸引力的内容，从而增加用户参与度和扩大影响力。

在产品和服务的创新方面，AI同样扮演了重要角色。它帮助个体和小企业通过数据驱动优化供应链，改进产品设计，甚至提供个性化客户服务。例如，AI可以帮助一家在线时尚服饰零售商分析当前的时尚趋势，以及消费者对不同设计元素的反应。该零售商可以根据反馈动态调整产品线，迅速响应市场变化，推出符合当前消费者喜好的新款服装。

此外，AI还可以帮助"超级个体"测试不同的营销信息和策略，以找到理论上最有效的吸引和保持顾客的方式。这种测试可以应用于在线、网页布局、邮件营销活动等，以确保营销效果。

持续学习是成为"超级个体"的另一个关键要素，而AI技术在这一过程中的作用也不可小觑。

AI不仅可以通过个性化推荐帮助我们发现和选择适合自己发展的课程，还能根据我们的学习进度和风格调整学习的内容和难度，确保学习效率。

例如，AI可以分析我们在在线学习平台上的互动数据，如视频观看时长、课后测试成绩和课程反馈等，从而洞察我们的强项和弱点，然后推荐匹配的学习路径和资源，如额外的辅导材料或是高阶课程等。

此外，AI技术还可以帮助"超级个体"监控最新行业趋势和技术进展，使他们始终保持前沿知识的更新。例如，AI可以从海量的行业报告、新闻文章和专业论文中提取关键信息和趋势，供我们学习和参考。

通过这些方式，AI不仅促进了我们的成长，也为我们提供了在不断变化的市场环境中保持竞争力的工具。

实操——使用AI开始副业之旅的具体步骤，如下图所示。

如何使用 AI 开始副业之旅

01 选择合适的工具
根据副业目标，选择可以提高效率、简化工作流程或增强创造力的AI工具。

02 学习和适应
许多AI提供在线教程和培训课程，帮助我们快速掌握使用方法。

03 小规模测试
全面投入之前，先小规模测试AI的效果。例如先用AI生成少量的社交媒体帖子或广告，观察受众反馈。

04 分析反馈和优化策略
使用AI收集反馈和分析数据，持续优化，以适应不断变化的市场需求。

05 扩展和多元化
随着副业的成长，扩展服务范围或增加产品线时，使用AI辅助管理，如客户关系管理或库存跟踪等。

无论是开展副业还是成长为"超级个体"，构建和扩大个人影响力都是关键。要扩大个人影响力，不仅要有效地在公域（开放的网络平台，如社交媒体，任何人都可发布内容，进行营销活动）吸引和维护粉丝，更要在私域（如微信群等由企业或个人控制的营销环境）进行深度运营和转化。

自媒体是公域运营的强大工具之一，通过发布有吸引力的内容，任何人都有可能快速扩大影响力并建立起忠实粉丝群。好的内容可以被迅速传播，为个人及品牌带来意想不到的关注和机会。

在私域方面，社群运营和微信朋友圈运营是关键。社群运营是建立、管理和运营一个或多个社群，通过提供有价值的内容和互动，吸引和留住粉丝，进而实现社交化营销；朋友圈运营是在社交媒体平台上，通过朋友关系链条，进行个人或品牌的推广和营销活动。社群运营和朋友圈运营能够迅速建立信任，并促进粉丝间的互动，进而增强用户黏性，为个体或个人品牌提供更多机会。

在接下来的几个小节中，我们将探讨如何利用 AI 辅助自媒体运营，提高社群管理的效率，以及优化朋友圈的营销策略。

4.2 AI+ 自媒体运营

什么是自媒体运营

自媒体运营是指个人或团队利用互联网平台，通过发布自己的原创内容吸引用户关注和参与，从而实现个人价值和商业利益的一种经营行为。简单来说，就是个人或者团队通过各种图文或者视频吸引大家的关注，形成一定的影响力之后，就有了商业价值。

自媒体的特点就是门槛低，自由灵活，互动性强，但这也导致同赛道的竞争十分激烈。想要在众多竞争对手中脱颖而出，自然要有别人没有的优势。现在 AI 技术方兴未艾，很多人还没有使用 AI 的意识，这就是我们的机遇。

我们都知道 AI 可以提高各行各业的工作效率，那么，要怎么使用 AI 提高自媒体运营的效率和效果呢？

- **资料、数据收集与整理**：利用 AI 工具，只要简单输入几个关键字，就能迅速获取全网资料；再用 AI 对资料进行数据分析与素材分类管理，就能顺利获取自媒体创作所需的各种信息。
- **找图、作图**：利用 AI 工具，只要输入各种提示词，就能收集各种类型的图片。要是还想用一些与众不同的图，还可以使用 AI 绘图工具，直接把自己的文章段落作为提示词输入 AI 绘画工具，就能获得符合文章内容的图片。
- **自动生成视频**：视频创作博主利用 AI 的自动生成视频功能，结合 RPA 批量自动生成视频。还可以使用 AI 直接生成视频脚本，后期再利用 AI 的剪辑功能，快速制作视频。
- **分析运营数据**：除了提高创作效率，AI 还可以分析自媒体运营数据，进行趋势预测等，帮助自媒体运营者了解哪些内容受欢迎、哪些运营策略有效，从而做出更加科学的运营决策。

4.3 AI+ 社群运营

什么是社群运营

社群运营是指通过建立和管理在线社群，来增强用户之间的互动、提升品牌认知度、构建用户忠诚度，以推动产品或服务的销售。

很多做社群运营的人，要管理几个甚至十几个社群，工作量巨大，而 AI 的出现，让很多社群运营工作实现了智能自动化，节省了很多人力。

具体应用场景

- **制作社群物料**：如果在群里举办一场活动，我们可以利用 AI 制作活动宣传海报。可以输入关键词让 AI 直接生成海报，也可以将找到的效果图投喂给

AI，然后在 AI 生成图片的基础上进行修改。可以一键生图的 AI 软件很多，除了国外的收费使用的 Midjourney（使用教程参见 AI 绘图章节），国内还有很多 AI 生图软件和网站，可在网上进行搜索。

● 制作宣传文案：很多 AI 工具都能一键生成文案，例如讯飞火星上面就有一个免费的 "× 平台种草文案助手"。我们只要将社群的详细信息投喂给文案助手，它就会生成一份有针对性的、适用于 × 平台的推广文案。

● 用户画像：AI 工具可以根据社群用户的数据和动作，为用户画像，然后自动生成或者推荐用户感兴趣的内容。

● 社群管理助手：AI 工具可以根据社群讨论热点自动生成话题和讨论素材，让社群再也不会显得冷冷清清；AI 机器人还可以 24 小时值守社群，自动回答社群里的一些常见问题，监测社群中是否有不当言论和行为，及时警告或移除用户，让社群氛围和谐友好；AI 还可以帮助社群运营者设计和执行各种互动活动，如在线问答、投票、游戏等；如果是商业推广性质的社群，还可以借助 AI 自动生成或者套用模板不定时地更新产品亮点和卖点。

4.4 AI+ 微信朋友圈运营

微信朋友圈运营是指通过微信的朋友圈发布定制内容来吸引和维护用户群体，提高品牌或个人的影响力。

微信朋友圈运营的核心是使用标准化的流程，确保在合适的时间向合适的人展示合适的内容。这需要对目标受众进行细致分析，对内容进行精心策划。针对以下微信朋友圈运营的关键点，AI可以给我们提供高效且便捷的帮助。

● 受众定位：AI可以通过数据分析帮助运营者更准确地识别目标受众的特征，如年龄、兴趣、消费习惯等，从而实现更精准的内容推送。

● 内容规划：AI技术能够基于用户的历史行为和偏好，自动推荐或生成个性化的内容，提高用户的参与度。

● 互动交流：通过AI聊天机器人，与朋友圈中的用户进行实时互动，回复评论，提高响应速度，同时收集用户反馈，用于优化后续的运营策略。

● 数据分析：AI可以对大量的用户数据进行分析，帮助运营者了解阅读量、点赞数、转发量等，从而调整内容策略，以提升效果。

● 私域运营：微信朋友圈作为私域的一部分，需要通过建立信任、活动裂变等手段来增长和维护用户。利用AI可以提高内容创作的效率和质量，与用户建立信任、促进转化。

● 品牌建设：对于希望打造个人品牌的人或企业来说，微信朋友圈是塑造和维护品牌形象的重要平台，AI 可以通过分析用户对文案内容的反馈，帮助运营者调整传播策略，以塑造和维护品牌形象。

● **运营模型**："企业私域增长飞轮"模型提供了一个系统的方法，包括加微信、发朋友圈建信任、搞活动引发裂变等，以实现用户的持续增长，并维持用户的活跃度。AI 可以帮助运营者构建和优化运营模型，例如预测用户行为，制定更有效的运营策略等。

具体应用方式

对于微信朋友圈运营者来说，每次发布的朋友圈内容都相当于引流的广告，要让广告更有针对性、更吸睛，可以用 AI 辅助创作朋友圈内容文案，也可以把自己之前写的文章、朋友圈内容等文字素材投喂给 AI，通过提示词将 AI 打造成专属的"文案创作助手"。当 AI 掌握我们的写作风格之后，再需要写朋友圈文案时，只要简单地输入主题关键词或产品信息，就可以快速得到优质的文案，大大降低了时间成本。

第三章

AI 写作

AI+ 自媒体

1.1 AI+ 公众号

公众号的建设及定位

大家一定对公众号都不陌生吧。公众号的核心目的是为内容创作者、品牌，或者组织提供一个与用户建立联系、分享内容和提供服务的渠道。无论做哪种类型的公众号，AI 都能够为我们提供很多帮助。如下图所示。

借助 AI 深入分析热点话题，确保公众号的内容始终与时俱进，吸引读者的眼球。

让 AI 筛选与整理资料，不但可以告别烦琐的搜索与整理工作，还能确保重要信息无一遗漏。

借助 AI 生成文章初稿，可以为我们节省大量时间与精力。不过，我们一定要认真审核、分析，以确保内容质量。

AI 可以收集相关类型文章的标题和相应的浏览量，然后模仿生成有吸引力的标题，以提高点击率和阅读量。

让 AI 完成图片处理、排版等工作，可以使公众号内容更加专业、美观。

以上几项工作只是建设公众号的基础，如果想要在无数公众号中脱颖而出，就不得不重视公众号的"个人定位"了。因为用户只会关注对他们有用，或感兴趣的公众号，所以个人定位是你吸引目标受众的关键，而 AI 工具也可以帮我们确定公众号的个人定位。

我们要思考目标受众的年龄、性别、兴趣、职业和需求等。例如，我们想吸引年轻人的注意，那么就要发布一些新奇的、符合潮流趋势的内容，比如游戏攻略、动漫情报、潮玩资讯等；如果我们的目标人群是中老年人，那么一些生活小妙招、省钱攻略、国画、书法等方面的内容就会更具吸引力。

除了分析目标人群及其需求，我们还要考虑自己的长处与爱好，思考自己能为用户提供怎样的信息或服务。考虑清楚这些问题，就可以借助 AI 进行个人定位了。

例如，一名擅长处理家务和制订家庭财务计划的家庭主妇，可以结合自己所提供的服务，将提示词细分为背景、角色、任务、要求等四部分，向 AI 寻求建设公众号方面的帮助。

除此之外，我们还可以通过信息流推荐、私域分享、合作引流等方式吸引流量并成功变现，例如，在公众号主页放广告，通过广告流量分成、用户打赏、带货等方式变现。

公众号内容创作具体使用场景和注意事项

确定公众号文章类型和定位

结合公众号的目标受众和我们的个人兴趣，选择适合的文章类型，如娱乐、家庭故事、传统国学或热点新闻等。只要公众号文章内容与受众群体匹配度高，就容易吸引流量。

公众号内容的发布频率

进行内容创作之前，我们需要根据平台调性确定创作内容的发布频率。如果我们要做的公众号受众是年轻人,那么发表的频率保持在每周2至3次即可。如果我们的公众号受众偏向于中老年人,文章内容多是新闻、时事评论、科普、情感故事等,更新频率则根据具体内容而定。如果是新闻、时事评论之类的,需要每日更新,让阅读者有持续新鲜的内容可读;如果是兴趣分享、科普、情感故事等,则可以2至3天发布一篇。如果相较于文章数量更注重文章质量的公众号,则可以不定期更新。如果感觉自己无法把握平台调性,可以把个人的公众号的历史数据发给AI工具,让其进行分析并给出建议。

除了上述内容,要运营好公众号并成功变现,我们还要注意下图所示的几个方面。

公众号运营与变现

分析反馈和调整策略
发布内容后,要密切关注读者的反馈和数据分析结果,根据这些信息调整内容策略和AI的使用方式,以不断提高公众号的影响力和收益。

结合其他营销手段
文章写作只是公众号运营的一部分,我们还需要结合社交媒体、SEO优化、广告推广等多种手段,全面提高公众号的曝光率和粉丝互动。

注意遵守法律法规
无论是AI创作还是人工创作,都需要遵循相关法律法规,尊重知识产权,避免侵权风险。

保持内容质量与真实性
虽然AI可以帮助创作内容,但仍需人工审核,以确保内容准确、科学,可读性强,以及符合公众号的整体风格。

维护用户关系
及时回复公众号文章下读者的评论和问题,与读者多互动,会让读者的留存率大大增加。但是在这方面,AI无法完全替代人工,因此需要人工参与互动,以建立良好的用户关系。

想要利用 AI 提高公众号内容的创作与编辑效率，只需简单几步即可。不过想要做得出彩，还要靠个人的观点和想法。记住，AI 只是辅助工具，不能代替我们思考。

1.2 AI+ 小红书

随着新媒体的崛起，小红书作为其中一员，在时尚、美妆、美食、旅行等多个生活领域中都占有一席之地，已然成为当代年轻人的"生活指南"。越来越多的商家开始入驻小红书，甚至连很多城市的文旅部门都开始找小红书上的热门博主拍摄宣传视频。

小红书的用户群体以年轻人为主，尤其是年轻女性占了很大比例。她们对新鲜事物敏感，愿意尝试各种产品和服务。起初，小红书上很多热门博主都是通过分享各种真实测评或使用体验来吸引粉丝的，但是近几年，小红书的内容类型越来越多元化，因此吸引了更多新用户，也让更多男性用户加入了该平台。

小红书的商业化也很成熟。"店号一体"的机制为品牌提供了商业合作的机会，成为品牌孵化与成长的重要阵地。再加上小红书拥有一批高消费能力用户群体，这让很多品牌看到了巨大的商业潜力。

普通人通过精心经营小红书账号，成为现象级网红的例子不在少数，他们的成功也让更多人看到了新的变现路径。

想要让自己的账号在小红书的海量用户中突出重围，是很困难的事情，我们不妨借助 AI 的力量，提高我们的创作质量和效率。

创作内容是需要灵感和时间的，而 AI 就像全天候的灵感触发器一样，在我们没有灵感时，AI 可以根据我们提供的关键字，给出一些富有创意的点子，激发我们的灵感。

想象一下，我们正在策划一篇关于旅行的笔记，却不知道如何开头，只需在

AI工具中输入关键词，比如"浪漫海岛游"，就能得到一段段引人入胜的描述，让你的笔记瞬间生动起来，就连小红书标志性的emoji表情符号都直接为我们添加好了。

> 浪漫海岛游
>
> 🌴🏖️✨海岛控们，听我说！这不仅仅是一次旅行，这是一场与浪漫的邂逅，是你心中那片未曾触及的热带天堂。现在，就让我带你一起种草，解锁那些让人心动不已的海岛秘境吧！🍹💖
> 🏝️首先，想象一下脚下是细腻如粉的白沙，眼前是清澈见底的蔚蓝海水，耳畔是海浪轻拍沙滩的悦耳声音。这不是梦，这是每一个热爱大海的你，都值得一去的浪漫海岛。🌊💙
> 🌴接下来，让我们一起探索那些隐藏在翠绿椰林间的小木屋，每一扇窗都是一幅绝美的海景画。在这里，你可以慵懒地躺在吊床上，享受一本好书，或是一杯冰凉的果汁，让时光在悠闲中流淌。📖🍹
> 🔥当然，怎能不提那些刺激的水上活动呢？无论是潜水探寻五彩斑斓的珊瑚礁，还是帆板冲浪感受海风的速度与激情，这里都能满足你冒险的心。🏄‍♂️🐠
> 🌅夕阳西下，海边的烛光晚餐正等着你。在星光璀璨下，与爱人共享美食，这份浪漫，绝对能让你的心融化。💑🍽️
> 📸最后，别忘了带上你的相机，因为这里的每一个角落，都是你朋友圈的打卡圣地。每一张照片，都是你美好回忆的最佳见证。📷✨
> 所以，亲爱的朋友们，如果你的心也被这片海域召唤，那就不要再犹豫了。收拾行囊，和我一起，踏上这场说走就走的浪漫海岛之旅吧！🏖️✈️
> #浪漫海岛游 #海滩度假 #旅行种草机 #海岛探险 #旅行心情
> 快来跟我一起，让我们的心灵在这片热带天堂中得到释放，让浪漫的海岛之旅成为你生命中最美好的章节！🌺🌈

如果我们再将更多、更详细的资料投喂给AI工具，就可以生成更详细、更符合我们要求的内容。这时，我们只需要进行一些细节修改，就可以发布到小红书上了。

除此之外，AI小助手还可以帮我们生成爆款标题。

> 浪漫海岛游
>
>
>
> 1. "逃离日常！揭秘梦幻海岛的浪漫之旅"
> 2. "爱在碧海蓝天：一次难忘的浪漫海岛游体验"
> 3. "心动警报！这些隐秘海岛是浪漫度假的绝佳选择"
> 4. "与心爱的TA共赴一场海岛之约，开启浪漫篇章"
> 5. "探索浪漫秘境：一次海岛游，终生回忆"

每天都有无数用户在小红书上搜索各种内容，想要我们的笔记出现在用户的搜索结果里，标题至关重要。

如何取一个"爆款标题"曾经是困扰无数博主的难题，而现在有了 AI 的帮助，难题似乎容易了很多。

我们可以通过 AI 收集网络中的各种爆款标题，然后让 AI 分析这些爆款标题的共同之处，再生成一系列有"爆点"的新标题。接下来，我们就可以结合自己的笔记内容以及网络热点，选择风格和调性最匹配的标题了。

不仅如此，我们还可以用 AI 生成笔记标签。首先，让 AI 收集数据，并分析小红书的热门趋势，找到最受欢迎的话题。其次，利用标签将我们的笔记与热门话题相关联。比如，在旅游方面，可能有各种各样的标题，其中点击率最高的可能是"小众游"和"海岛游"，于是我们就可以在写好的笔记内容下以"# 小众游""# 海岛游"的方式加上热门标签，这样一来，我们的笔记就更容易获得更多的曝光和互动了。

1.3 AI+ 知乎

在信息爆炸的时代，知识分享平台，如"知乎"，已经成为人们获取知识、交流思想的重要场所。无数用户在知乎上提出各种问题，每一个问题下又有来自各个领域的"大能"发表自己的见解与答案。如何让自己的问题或者答案被更多用户看到呢？不妨借助 AI 的力量。

1. 快速响应热点，抓住机会

知乎的特点是热门问题层出不穷，但又会快速消失。因此，快速回应热点问题变得至关重要。但问题的关键就在这里，我们往往无法及时捕捉热点问题，就算捕捉到了，也很难快速思考得出结论，并组织成答案。而 AI 就可以弥补这些不足，让我们快速切入、快速回答，不错过任何一拨流量。

- **高效构建内容**：使用 AI 工具迅速填充内容，确保在热点还未消失之前完成一条甚至多条优质回答，从而吸引更多关注和流量。
- **解决知识盲区**：当遇到不熟悉的问题时，利用 AI 大模型如 DeepSeek、ChatGPT，可以快速获取答案，以提高回答的质量，并抓住热点。

2. 提升回答的深度和质量

直接将问题投给 AI 得到的回答质量可能并不一定理想。以下是一些提高回答质量的技巧。

- **核心问题抽离**：将问题和相关背景提供给 AI，请其提供多角度的观点、解决方案和易于理解的实例。
- **融入个人观点**：将自己的观点输入 AI，让它在此基础上生成文案，以增加内容的原创性和深度。

3. AI 写作全方位助力知乎

AI 辅助知乎创作，不仅能提高写作速度，还能在以下多个方面提高创作效率。

- **辅助内容创作**：AI 可以提供创意、生成初步草稿，并给出写作指导，帮助我们找到合适的话题并完善文章结构。
- **文章优化与润色**：从标题优化到语言润色，再到风格调整，AI 能全方面打造更吸引人、流畅和专业的内容。
- **问答互动增强**：利用 AI 的自动回答和评论管理功能，提高与用户的互动效率。
- **趋势分析**：AI 能够分析答案的表现，如阅读量、点赞数和分享次数等，还可以分析用户的反馈，以提供内容优化的建议，帮助我们了解读者的需求和偏好。
- **发布规划与内容管理**：AI 可以分析用户活跃时间和社区高峰时段，提供最佳发布时间以获得最大的曝光率。
- **原创性检测**：AI 可以检测内容的原创性，避免侵权。

用 AI 辅助知乎内容创作，不仅能提高我们的写作效率，还能创造更高质量、更具吸引力和互动性的内容。所以，下次再遇到知乎热门问题时，赶紧使用 AI 辅助工具，探索它带来的全新可能。

1.4　AI+ 抖音

抖音作为一款以短视频为主要内容形式的社交平台，具有广泛的用户群体，主要以年轻人为主，同时涵盖各个年龄段和职业领域的用户。抖音上的短视频内容涵盖面非常广泛，以娱乐、美食、时尚、生活技巧等内容为主，也包括音乐、舞蹈、健身等内容。内容风格多样，有创意、幽默、励志、感人等不同风格，同时也有用户自拍、日常记录

等真实性内容。目前处于成熟发展阶段，是一个内容创作者和品牌、商家争相入驻的平台。

抖音平台对短视频的质量要求比较高，而且在平台上拍摄短视频的用户也不计其数，所以如果我们想要在抖音上成功地通过短视频变现，就要抓住热点话题，及时制作相关内容以吸引更多用户关注和转发，还要关注视频开始的"黄金三秒"，利用反转或悬念等瞬间抓住观众的注意力。

想在抖音上发布自己的短视频并成功变现，对于普通用户来说并不那么容易，因为抖音在短视频领域已经非常成熟，每天都有无数精彩的短视频被上传到平台，因此平台对于短视频的精彩程度的要求比较高。摆在我们面前的第一大难题，就是短视频内容、脚本的写作。现在我们有了 AI，只要合理地使用 AI，我们就可以顺利进行短视频制作。

短视频文案写作

在数字时代,短视频已成为信息传播和娱乐的重要形式。随着 AI 技术的不断进步,AI 写作工具已经能够辅助我们高效地生成吸引人的短视频文案了。

使用 AI 来创作短视频文案的好处显而易见。首先,AI 能够极大地提高创作效率。传统的文案创作要耗费大量的时间和精力,而 AI 在几秒钟内就可以迅速生成多个选项。其次,AI 可以帮助创作者克服创意瓶颈。当缺乏灵感时,AI 可以提供多样化的文案供我们选择,激发新的想法和提供新的视角。此外,AI 还能够保证文案的质量和风格的一致性。

在短视频文案生成方面,AI 可以根据短视频的主题、风格和目标受众等信息,通过下图所示的方式帮助创作者快速生成多样化的文案内容。

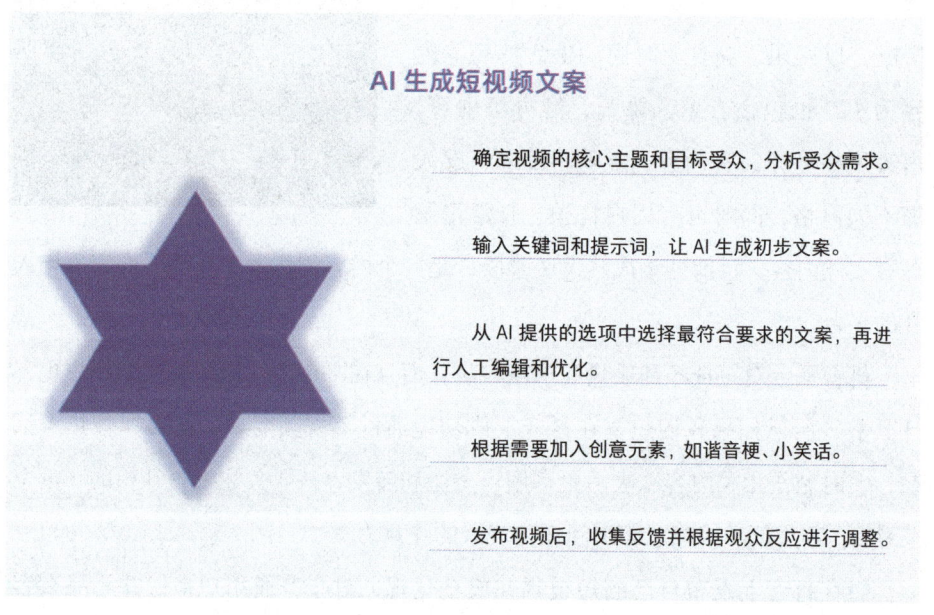

假设我们是抖音上的美食主播,想要制作一则短视频来分享比萨的制作过程。我们可以通过强调新鲜食材、独特配方或者制作技巧,以吸引观众的注意力。我们的受众是喜爱美食、烹饪的年轻人,因此,我们需要根据他们的喜好确定想要传达的情感和表达方式。比如，通过视频展现出年轻人热情洋溢，与朋友共同分享美食的美好氛围。

如果有特定关键词需要出现在文案中，比如"美味比萨""创意烹饪"等，可以在输入提示词时指定这些关键词，让 AI 结合这些词语生成符合主题的短视频文案。例如，输入提示词"主题：比萨制作；受众需求：美食爱好者；表达方式：诱人美食；关键词：美味比萨、创意烹饪"，就可以生成下面的短视频文案。

标题：放肆释放创意，亲手打造美味比萨！

文案：想要尝遍各种口味的美味比萨吗？跟着我们的视频，学习如何用自己的双手，释放无限创意，制作美味比萨吧！首先，从和面、擀饼皮开始，感受面团在手中慢慢变薄；其次，涂抹番茄酱和奶酪，撒上你喜欢的各种配料；最后，把它放入烤箱！从烤箱中拿出金黄诱人的比萨那一刻，一定会让你垂涎欲滴！邀请你的朋友一起来享受吧，喜欢什么口味，都可以自己动手，不仅可以享受美味，还能在烹饪的过程中尽情释放创意，尽情感受快乐！快来和我们一起探索美味比萨的无限可能吧！＃美味比萨＃＃创意烹饪＃＃诱人美食＃＃自制美食＃

- 调整关键词和风格，生成多种多样的短视频文案，然后从多个备选文案中选择最符合自己需求的文案，再结合自己的喜好对文案进行微调，以确保文案的准确性和流畅性。

- 结合视频画面和场景调整文案，让文案更贴近观众的视听感受，增强文案的吸引力和共鸣力。例如，如果视频中有展示食材的镜头，可以突出强调食材的新鲜和多样性；如果视频突出展示了烹饪过程中的创意元素，可以强调创意烹饪带来的惊喜和乐趣；如果视频中有展示烤箱中比萨诱人香气的镜头，可以增加描述香气诱人的场景和效果。

总之，AI 写作工具为短视频文案创作带来了革命性的变化。它们不仅提高了效率，还为创意提供了新的空间。不过，人类的创造力和情感理解仍然是内容创作不可或缺的部分。合理利用 AI 技术，我们可以实现创意与技术的完美结合，推动短视频内容的创新和发展。

短视频分镜设定

确定短视频文案只是短视频拍摄的第一步，接下来还有诸多环节，如设定分镜、制定拍剪进度表等。下面我们将详细讨论如何利用 AI 帮助我们快速完成这些步骤，制作出精彩的短视频。

在电影、视频和短视频的制作中，分镜设定是一个至关重要的步骤。它涉及将剧本转化为视觉场景，为拍摄提供详细的指导。随着 AI 技术的不断进步，AI 辅助的分镜工具已经开始出现，为短视频的制作带来了新的可能。

使用 AI 进行分镜设定，通常有以下几个步骤。

- **故事脚本分析**：对脚本进行深入分析，理解故事情节、角色和场景，是运用 AI 设定分镜的基础。

- **AI 选择**：选择能够基于剧本内容生成分镜图，或者绘制分镜的辅助 AI 工具，例如"闪电分镜"等。

- **输入与设置**：将脚本输入 AI，并进行必要的设置，如场景的风格、角色的动作等。这一步骤可能需要多次尝试和调整，以达到最佳效果。

- **生成分镜图**：AI 会根据输入的剧本和设置生成初步的分镜图，以清晰地展示角色动作和摄像机角度等元素。

- **评估与修改**：生成的分镜图需要与导演和制作团队共同评估，根据反馈进行必要的修改。

- **最终确认**：经过多次迭代的分镜图得到团队的最终确认后，就可以用于指导实际拍摄。

- **现场应用**：在拍摄现场，导演和摄影师会参考 AI 生成的分镜图来进行拍摄，确保画面与预期相符。

- **持续优化**：在实际拍摄过程中，可能会有新的创意或变化，AI 可以根据实时反馈继续进行调整和优化。

以上是在已经有剧本的情况下，利用 AI 创作分镜的步骤。如果分镜和剧本同步进行，我们就可以先利用 AI 创作一个故事，再提炼关键词，然后将提炼的关键词放入分镜生成工具内，生成所需的分镜图。

现在已经有不少公司开始研发专门为生成分镜图服务的 AI，比如专门做视频分镜，剧本 AI 拆解工具等。相信未来这些工具成熟之后，分镜设定就是更加容易的一件事了。

设置拍剪进度表

拍剪进度表（Production Schedule）是用于拍摄和剪辑流程中的时间规划和工作流程管理的系统。该系统具备高度的灵活性和实用性，能够确保项目在既定的时间框架内高效推进。此外，该系统还提供了有效的资源分配和成本控制机制，为短视频的拍摄提供了可靠的保障。通过这套系统，我们能够实现拍摄和剪辑工作的精确规划，并确保项目的顺利完成。

拍剪进度表通常包含几个关键组成部分：预制作阶段、拍摄阶段、后期制作阶段、发布和分发。在拍剪进度表的设置过程中，AI 可以为我们提供什么帮助呢？

1. 预制作阶段

● AI 剧本分析工具：分析剧本内容，提取关键信息，帮助团队理解故事结构和角色发展，为后续拍摄计划的制订提供参考。

● AI 选角辅助：通过分析角色特征和演员数据库，匹配合适的演员候选人，加快选角过程。

2. 拍摄阶段

● AI 场景建议：根据剧本内容和拍摄条件，提供场景布置和摄影角度的建议，优化拍摄效果。

● AI 实时监控：监控拍摄现场的安全和秩序，确保拍摄顺利进行。

3. 后期制作阶段

● AI 剪辑辅助：如阿里云的云端智能剪辑，可提供 AI 辅助剪辑生产服务，包括直播剪辑、视频剪辑、模板工厂、数字人制作等核心功能。

● AI 特效生成：自动为视频添加特效，如转场、滤镜、配音等，提高后期制作的效率。

● AI 调色：根据预设的风格或导演的意图，自动调整视频的色彩和光线，以达到预期的视觉效果。

4. 发布和分发阶段

● AI 市场分析：分析市场趋势和观众喜好，为影片的推广和分发提供数据支持。

● AI 社交媒体优化：根据社交媒体平台的特点，自动调整视频格式和内容，以获得更好的传播效果。

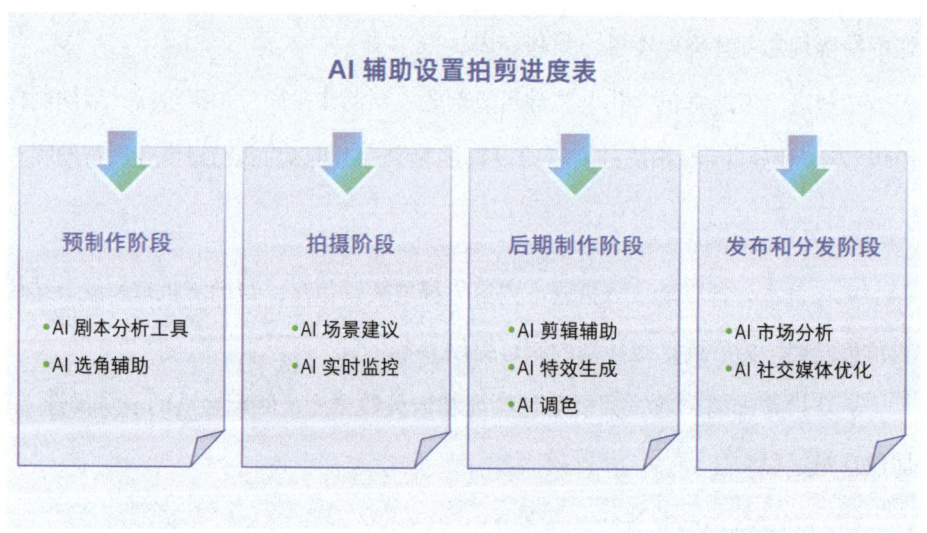

自媒体时代，我们除了拍摄精彩、丰富的短视频，还可以在各个平台上开设直播。

1.5　AI+ 视频号

与抖音不同，视频号是一个以微信为基础的短视频社交平台，其特点是中老年群体占比较大，内容偏重实用性，包括生活常识、家庭日常、养生保健、美食烹饪等，也涵盖影视剧、明星八卦等娱乐内容。相对于其他短视频平台，视频号更倾向于轻松、幽默、温馨的调性，注重分享生活点滴和亲情故事。

目前视频号处于快速成长阶段，用户数量和内容产出都在不断增长，具有较大的红利空间，无论是否有粉丝基础，都可以开设直播，展现自己的才艺，并与进入直播间的观众进行实时互动，不仅有"一夜爆火"的可能，也可以通过直播带货来增加收入。

直播大纲写作

用 AI 辅助直播准备，效率提高是显而易见的。例如，可以利用 AI 写作工具创作直播大纲，不仅简便高效，还能帮助我们更好地准备和呈现内容，让直播变得更加精彩和吸引人。

如果一名带货主播想要使用 AI 生成一份直播大纲，那么就可以按照下图所示的步骤进行操作。

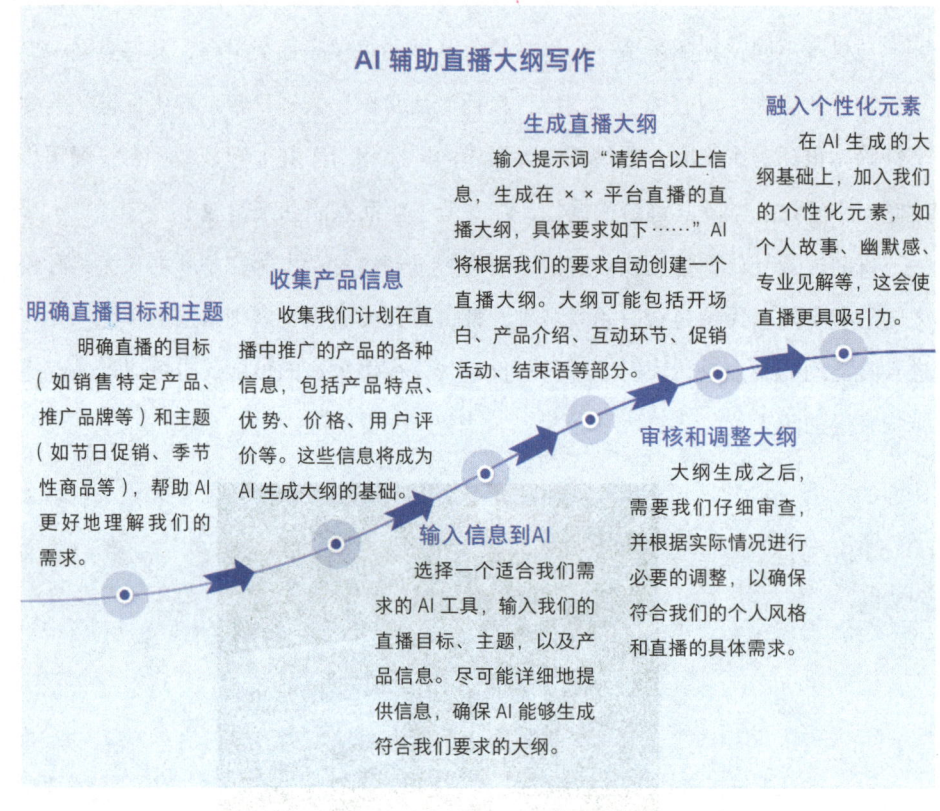

到这里直播大纲就算完成了。之后还有一些直播需要做的准备工作，比如准备直播需要用到的素材（产品图片、讲解视频、背景音乐等），熟悉大纲并进行彩排，确保直播顺利。

直播手卡制作和产品介绍

经常看直播的人肯定都见过直播手卡，它就相当于主持人主持节目时手里的提示手卡。一些新手主播因为经验少，不知道如何介绍产品，为了避免尬聊，所以需要直播手卡提示一些话题；大网红主播则因为直播间里的商品太多，实在记不过来，所以需要直播手卡进行提示。

那么我们要如何使用 AI 为我们制作直播手卡呢？我们先来看一下直播手卡的内容。

- **开场白**：直播开始时的问候语、介绍和概述。
- **产品介绍**：产品的特点、优势、使用方法、价格等信息。
- **互动提示**：观众互动环节的引导语、问题或话题。
- **促销信息**：直播折扣、优惠券、限时活动等促销信息。
- **过渡语**：从一个话题或产品转换到另一个话题或产品的过渡语句。

了解了直播手卡的主要内容，我们就可以根据这些信息来制作直播手卡了。

在制作之前，我们先要根据这些信息准备详细的相关资料，然后是选择合适的 AI，将我们收集到的资料信息输入 AI 中，例如 DeepSeek、ChatGPT、阿里云智能文案生成工具或其他类似的 AI 写作助手都可以。在我们给 AI 投喂过资料之后，还需要设定一些生成参数，比如风格、长度、语调等。将资料与参数输入 AI，下达指令，AI 就能按照要求帮我们生成一份直播手卡的内容。

如果我们需要使用 AI 制作一份产品介绍，那么我们就需要提供一些详细的资料，以便 AI 能够理解产品的特点、优势和目标市场。资料包括但不限于以下内容。

- 产品详细信息、卖点、优势。
- 目标受众、市场定位、使用场景。
- 客户评价和案例研究。
- 促销信息，包括任何特殊优惠、折扣、捆绑销售或限时活动的信息。
- 法律和合规信息，如安全警告、认证标志和版权信息。

直播方案

制定直播方案与直播大纲相似，不过直播大纲主要关注直播内容的结构和组织，而直播方案则是对整个直播活动的全面规划，它不仅包括直播大纲中提到的内容安排，还涵盖了直播的目标设定、目标受众分析、技术准备、宣传预热、风险应对等多方面的详细规划。因此，制定直播方案需要考虑的因素更多，如直播时间的选择、直播平台的选取、直播前的推广活动、直播中可能出现的问题及解决方案等。

想要利用 AI 写出一篇好的直播方案，就要做好下图所示的几点。

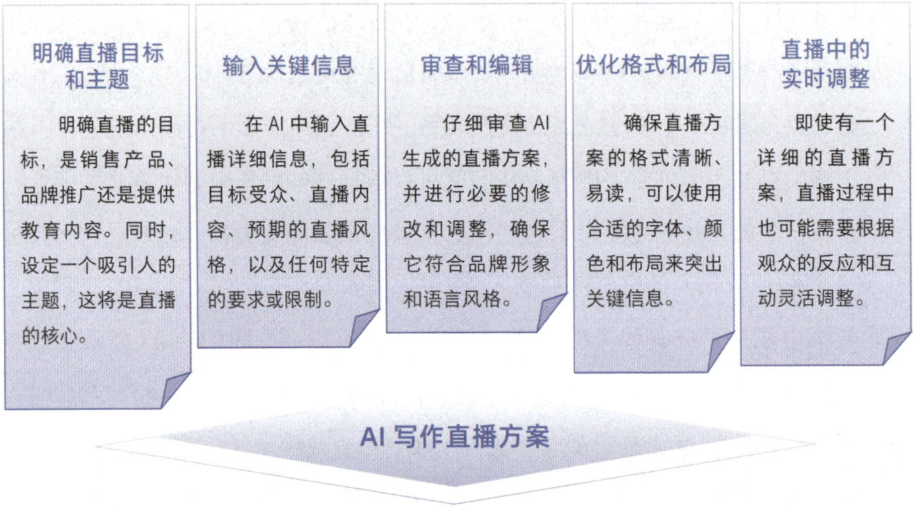

明确直播目标和主题	输入关键信息	审查和编辑	优化格式和布局	直播中的实时调整
明确直播的目标，是销售产品、品牌推广还是提供教育内容。同时，设定一个吸引人的主题，这将是直播的核心。	在 AI 中输入直播详细信息，包括目标受众、直播内容、预期的直播风格，以及任何特定的要求或限制。	仔细审查 AI 生成的直播方案，并进行必要的修改和调整，确保它符合品牌形象和语言风格。	确保直播方案的格式清晰、易读，可以使用合适的字体、颜色和布局来突出关键信息。	即使有一个详细的直播方案，直播过程中也可能需要根据观众的反应和互动灵活调整。

AI 写作直播方案

1.6 AI+ 播客

播客是一种通过互联网传播音频文件的媒体形式。通常，播客以系列的形式发布，用户可以通过订阅来获取更新。播客内容可以涵盖各种主题，包括新闻、故事、访谈、教育等。

在国外，播客一直是非常重要的媒体，其影响力绝对不比头部的 YouTuber 差。而国内的各种播客，也都有很多"铁杆"听众。在 AI 出现之后，就有人开始尝试使用 AI 克隆自己的声音，创建自动播客，并以此获得收益。具体操作流程如下。

- 使用一个 AI 工具（如 Wondercraft AI 等）来克隆我们的声音，只需上传我们说话的 60 秒的录音即可。
- 借助 AI 写作工具（如 DeepSeek、ChatGPT、Kimi 等）创作播客脚本。
- 添加一些片头和片尾音乐。
- 将音频文件上传到播客发布平台。
- 等待用户下载作品，从而获得收益。

如果对于声音没有太高要求，也可以直接跳过第一步，然后在创作好脚本之后，用 AI 将文字转换成播客音频。例如使用 Wondercraft AI，这是一款专业将文字转换成播客音频节目的智能工具，用户只需要提供标题和几百字的基本文案，它就可以使用 GPT 进行润色，使内容更丰富、更丰满，此外，背景和片头、片尾的音乐也可以直接一键生成，无须任何剪辑。

制作了精彩的播客作品，我们可以根据下图的具体操作实现变现。

播客作品变现

| 利用 AI 收集社交媒体上的热门话题和趋势，增加话题量，并保持与听众互动，增强粉丝黏性，我们可以使用 AI 聊天机器人来回答听众的问题，提供节目信息，增强听众参与感。 | 做好营销和推广，利用 AI 确定最佳发布时间，以最大化听众的参与；分析听众数据，进行精准的广告投放。 | 把握多种盈利模式，利用 AI 分析播客内容和听众特征，匹配合适的赞助商和广告；分析市场数据和听众行为，制定有效的订阅和定价策略。 | 不断反馈和改进，分析作品的收听数据，如收听时长、下载量、订阅增长等，及时了解节目表现，根据听众反馈不断改进。 |

2 AI+ 不同文章类型

2.1 AI+ 说明文

说明文是一种以客观描述、解释、说明为主要目的的文体，通常用来传达某种知识、信息或观点，以帮助读者理解特定主题或概念。说明文通常具有以下特点。

- **客观性**：说明文应以客观、中立的姿态描述事物或现象，侧重于客观事实和逻辑推理，避免主观感情色彩。
- **准确性**：说明文需要用准确、恰当的语言描述事物、过程或概念，确保信息的准确性和完整性。
- **条理性**：说明文应具有清晰的逻辑结构和连贯的思路，以便读者理解和接受。
- **简洁性**：说明文要求言简意赅，直截了当地表达观点或解释事物，避免冗长复杂的叙述。
- **具体性**：说明文应提供丰富的实例、具体的细节和真实的数据支持。

下面我们以介绍一款蓝牙耳机为例，梳理用 AI 写说明文的具体过程。

1. 列出大纲

要介绍一款蓝牙耳机，就要介绍其外观、功能、特点、使用方法等，这是写作的第一步，我们可以借助 AI 列出详细的提纲。

外观描述：外观特点、设计细节等。

功能介绍：蓝牙连接、声音质量、电池续航等。

特点展示：语音助手支持、触控操作、多设备连接等。

使用方法：蓝牙配对操作方法，如何调整音量、切换音乐、接听电话等。

2. 数据输入

准备相关蓝牙耳机的信息，包括品牌、型号、功能描述、技术规格、使用说明等。这些信息通常可以在产品说明书或者品牌官网找到。将这些数据逐一输入 AI 写作工具，以确保文章内容翔实、清晰可靠。

3. 生成文章

输入提示词："请根据以上提纲，结合详细资料，写一篇介绍这款蓝牙耳机的说明文，具体要求如下……"根据我们的提示词，AI 很快便能生成这样一篇说明文。

在当今快节奏的生活中，人们渴望寻找一种便捷舒适的方式来享受音乐，在这样的背景下，×音乐无线蓝牙耳机为用户提供了高品质的音乐体验。

×音乐无线蓝牙耳机采用先进的蓝牙技术，能够实现稳定的连接和高质量的音频传输，让用户摆脱了传统耳机线的限制，享受到更加自由和便捷的音乐体验……

4. 审查和修改

对 AI 生成的说明文进行审查和修改，确认内容符合实际情况，语言流畅清晰，不存在逻辑错误或不准确的信息，并将其中过于主观或夸张的内容删去，确保说明文的客观性。

2.2 AI+ 议论文

议论文通常用于表达作者对某个主题或话题的观点、看法和立场，目的是通过论证、分析和论述来阐明作者的观点，并尝试说服读者接受这一观点。议论文通常包括引言、论点提出、论据和论证、结论等部分，通过逻辑与论证手段来支撑作者的意见，并展现论证水平和思维能力。议论文在学术界、社会评论、新闻评论等领域都有广泛的应用。

下面，我们以"AI写作是否有益于人类"为主题，梳理用AI写议论文的具体过程。

1. 确定主题

该主题开放性较大，"是否"一词说明观点可以有两面，即"AI写作有益于人类"和"AI写作于人类无益"，我们可以就此展开讨论。

2. 拟定大纲

将我们分析后确定的主题输入AI，输入提示词："请以'AI写作是否有益于人类'为主题，从'AI写作有益于人类'和'AI写作于人类无益'两个方面列出提纲。"

- AI写作的益处
  - 提高写作效率
  - 提升语言表达水平
  - 为创作者提供灵感和参考
- AI写作的劣势
  - 人类创造力受到挑战
  - 内容原创性和道德考量
  - 可能有误导性和失真风险

- 对 AI 写作的应对与态度
  · 人类创作者的重要性
  · 借助 AI 提升写作能力
  · 遵守伦理和法律规范
- 结论
  · 总结立场和观点
  · 展望 AI 写作的发展

3. 收集资料

根据以上提纲，有针对性地收集关于 AI 写作对人类的影响、优势、劣势等方面的相关信息和论据，包括学术研究、案例分析等。将这些资料输入 AI，作为支持论点的有力论据。当然，收集资料环节也可以通过与 AI 对话完成。

4. 形成个人看法

我们要时刻谨记，AI 是没有主观判断能力的，而人类的想法和创意是独一无二的，它源于复杂的思维、情感和经验，无法被简单的算法替代。AI 写作虽然可以输出大量文本，但缺乏人类的情感和创意，也无法形成其"个人"的判断。因此，个人看法才是议论文的"灵魂"。

5. 修改和润色

对草稿进行修改和润色，确保语言表达准确、论证有力。同时，在合适的位置，适当而及时地加入个人观点和分析，引导整篇文章的走向。

2.3 AI+ 记叙文

记叙文是一种文学体裁，主要目的是通过叙述事件、情节或经历来传达作者的思想、感情或观点。记叙文通常按照事件发展的时间或空间顺序展开叙述，以讲述故事或描述经历为主，通常包括人物、情节、环境和情感等要素。

相较于说明文和议论文，利用 AI 写记叙文的难度较高，需要投喂大量记叙文样本作为训练数据，这是因为记叙文通常具有复杂的结构和情感表达，需要交代更多语境和背景来准确展现故事情节和人物情感。同时，记叙文更强调文学性和创作性，需要表达作者的独特视角和情感体验，这对于 AI 来说是一种较高级别的挑战。为了用 AI 写出可读性更强的记叙文，我们可以从以下几方面入手。

1. 数据训练

投喂大量的记叙文样本进行训练，让 AI 学习记叙文的结构和写作风格。

2. 提供详纲

记叙文一般会设置多个情节，让读者有兴趣不断地阅读，而这些情节、悬念之间又通常有较深的逻辑关联，这对于 AI 来说是较难"理解"的，因此，作者可以给出较为详细的大纲，确保 AI 能够按照作者的构思写出具体内容；此外，也可以使用结构化提示词、分步提问等方式，逐步引导 AI 梳理出逻辑清晰的大纲。

3. 丰富细节、增加情感表达

在 AI 所写的记叙文的基础上，作者要增加一些细节，如人物心理、矛盾冲突和个人情感表达等。这些细节和情感，可以让记叙文更真实也更精彩。当然，也可以通过指令，向 AI 提出以上要求，使其不断优化内容。

4. 检查文章结构与逻辑

作者要检查文章，确保 AI 写的记叙文结构清晰合理，情节连贯，逻辑性强。可以引导 AI 按照起承转合的结构展开叙述，让读者更容易理解和接受。

2.4 AI+ 小说

小说是一种虚构的故事文学体裁，通常以叙事形式展现故事情节、人物形象和情感体验等。小说的写作形式非常灵活，可以通过各种情节、矛盾等来描述人物的内心世界，同时反映社会风貌以及时代特点。

目前，利用 AI 写小说面临的困难主要包括以下几个方面。首先，小说具有复杂的结构与情感表达，要理解并准确捕捉故事情节、人物性格及情感体验，需要较高的情感分析和逻辑推理能力。其次，小说的写作离不开人类的创造性与想象力，需要对人物、事件和环境进行创新性的描写，AI 很难具备这种创作能力。但是，我们仍然可以通过以下步骤，借助 AI 提高我们小说创作的效率。

1. 数据收集

收集大量不同风格、题材和时代的小说作品，以及与小说创作相关的其他文学作品，用这些数据作为 AI 模型学习的基础。

2. 文学风格模仿

借助 AI 技术整理不同小说作家创作风格的分析资料，并将这些资料与有代表性的小说投喂 AI 模型，使其能够模仿和创作多种风格的小说。

3. 以个人创意为基础，形成详细情节

相较于其他体裁，小说的创作需要罗织更多故事情节、矛盾冲突与悬念等，而贯穿这些元素的，是人物的情感和心理活动。因此，在利用 AI 进行小说创作时，可以将个人创意作为基础，输入提示词"根据上下文情节，创设人物情感或心理活动"等，深入挖掘人物的内心世界。这种方式既能发挥 AI 在数据分析和语言组织方面的优势，又能充分发挥个人的想象力和创造力。

4. 制造悬念

根据 AI 提供的详细情节，整理出其中的线索，然后通过打乱时间线来制造悬念。这一步通常需要我们在熟悉文本的基础上，运用创造思维展开创造。

● **整理线索**：根据 AI 提供的详细情节，将各个情节之间的关联性进行整理，包括人物关系、事件发展、情感变化等，我们可以让 AI 生成思维导图，来帮助我们梳理这些内容。

● **打乱时间线**：通过打乱故事中各个情节发生的时间顺序，可以增加故事的

复杂性和悬念感。例如，将某个重要情节的发生时间提前到故事的开头，或者在关键时刻进行回溯，让读者在不同时间点之间来回穿梭，逐步揭示故事的真相和发展。

- 逐步揭示：根据线索逐步揭示故事中的重要线索和情节发展，引导读者逐步理解故事的真相。这种逐步揭示的方式可以增加悬念和紧张感，让读者更加投入。

- 保持逻辑：虽然时间线被打乱，但需要确保故事的逻辑性和连贯性。每个情节之间的关联性仍然要清晰可见，读者在阅读过程中能够理解情节的发展和人物心理的变化。

值得注意的是，由于 AI 只是辅助创作工具，如果直接用它输出长篇小说，可能出现质量不高和逻辑混乱等问题，因此，在形成文字的过程中，可采用分段、分章节或分情节生成的形式。同时，我们在用 AI 创作小说时，一定要把握好线索、大纲、人物性格和主要情节。每次输入提示词，让 AI 生成新内容的时候，可以简要概括上下文情节，避免前后内容脱节。

2.5 AI+ 诗歌

诗歌是一种以语言为媒介，通过韵律、节奏和富有象征性的词汇表达情感、思想和体验的文学形式。它通常比散文更加精练，具有较强的艺术性和审美价值。诗歌语言的选择和结构的安排都有很高的要求。

诗歌通常含有丰富的象征、隐喻和抽象表达，这些深层含义对于人类来说可能较容易理解，但对于 AI 来说是一项挑战。对于诗歌中的情感、意象和意义，AI 是无法真正"理解"的，但是我们仍能利用 AI 创作有实用价值的诗歌。比如，逢年过节，当别人还在发送千篇一律的祝福短信时，你却用 AI 为对方定制一首专属诗来表达祝福，是不是能让人印象深刻？又比如，有商家为了表达对顾客的

重视,利用 AI 为每位到店顾客定制包含其姓名的藏头诗,不仅新意十足,还显得很有水平,其实具体操作非常简单。

1. 数据预处理

对客户姓名数据进行预处理,包括去除不必要的字符,将姓名以表格方式罗列等,以确保顾客姓名数据的准确性和作为数据输入的便利性。

2. 模型训练

投喂大量藏头诗,让 AI 通过识读海量数据,了解藏头诗的构成。

3. 姓名嵌入

在生成藏头诗时,将顾客的姓名嵌入模型中。可以使用姓名的字符级或词级表示,并将其与生成诗歌的输入结合起来,以确保生成的诗歌包含顾客的姓名。以顾客"王海"为例,首先,在 AI 模型中输入提示词:"请生成包含'王''海'字的藏头诗。"经过训练的 AI 模型很快就能生成一句有一定寓意的藏头诗:"王者风华凌海澜,海上春风舞燕山。"其次,我们可以向 AI 提出更详细的要求:"以此为基础,生成完整的七言绝句。"于是,我们可以得到这样一首藏头诗:"王者风华凌海澜,海上春风舞燕山。雁飞万里携帝志,双翅扬飞世间传。"

可见,通过一系列数据输入和模型训练,AI 已经可以根据我们的要求生成有一定意义的"诗歌"。

2.6　AI+ 软文

"软文"是以宣传、推广某品牌或商品等为目的，在报刊、网络等媒体上发布的，通常采用小说、散文等文体写成的文章。与硬广告相比，软文更注重通过文学化、情感化的手法，引起读者的共鸣和兴趣，从而间接地推广某种产品、服务或理念，最终引起购买行为。

下面我们以某品牌的智能手表为例，梳理用 AI 写软文的具体过程。

1．目标市场分析

我们需要确定智能手表的目标消费者，如年轻人、健康意识较强的人、数码科技爱好者等。通过分析这些受众的年龄、性别、职业、兴趣爱好、消费习惯等信息，可以为软文创作提供有针对性的数据。

2．确定关键卖点

针对目标消费者，我们可以确定需要在软文中突出的该智能手表的独特功能和优势，包括智能健康监测、运动追踪、智能提醒、时尚外观等。注意，我们在软文写作时，无须面面俱到，只需要有针对性地突出其一到两种卖点即可。

3．制定大纲

将目标消费者和产品的信息提供给 AI，然后下达指令，让它制定一个文案大纲，包括标题、导语、产品介绍、功能特点、用户案例等内容。例如，标题可以是"智能生活从这里开始"，导语可以是"××智能手表，让你掌握智能生活的每个细节"，产品介绍可以从外观设计、功能特点、使用场景等方面展开。

4．利用 AI 生成文案

借助 AI 写作工具，输入文案大纲和关键词，生成初步的推广文案。比如，AI 可以根据关键词"智能健康监测"生成相应的段落，描述智能手表如何实时监测用户的健康状况，提供专业的健康建议。输入指令"假设你是软文大师，善于写作各种软文来推广产品。下面请以'智能健康监测'为关键词，写一段描述智能手表如何实时监测用户的健康状况，提供专业的健康建议的文案，对某智能手表进行推广"，便可得到相应的可供选择的推广文案了。

5. 人工润色

对 AI 生成的文案进行人工润色，使之更加生动、吸引人。例如，通过增加一些用户案例或情感化的描述，让读者更容易产生共鸣。

2.7 AI+ 励志文

励志文通常指那些充满了正能量的、感动人心的文章。这些文章常常以情感化、感人肺腑的方式表达出生活哲理、成功经验或积极态度，目的是激励读者追求更好的生活、克服困难、努力进取。

要利用 AI 写励志文，我们可以从以下几方面入手。

1. 确定主题或情感

AI 只能够以数据和文字组合等方式模拟人类的情感表达，并不存在真实的情感，因此我们需要确定我们想要表达的主题或情感，如成功、幸福、坚持、希望等。比如，我们想要写一篇关于坚持不懈的励志文，可以提供一些与坚持、奋斗、成功等相关的关键词，也可以下达指令，让 AI 从网上收集相关"金句"作为生成励志文的素材。

2. 生成文本

选择合适的 AI 写作工具，输入提示词："请参考以下关于坚持的关键词，通过互联网收集更多相关的、有励志作用的金句，写一篇鼓励读者坚持不懈的励志文。"在这一步，我们可以生成多个段落或多篇文章，以便选择和修改。

3. 添加案例

我们可以让 AI 生成一些案例来增强励志文的情感。输入提示词"请结合以上内容和主题,生成一个生动而有意义的,关于坚持不懈,最终获得成功的例子",就可以得到一个拼尽全力终于实现梦想的故事,或者一个克服种种困难最终获得成功的案例。这些生动的例子能够更好地展现励志文所要表达的正能量和励志精神,从而更好地引起读者的共鸣。

2.8 AI+ 热点文

热点文是指针对当前社会热点话题或事件进行报道、评论或讨论的文章。这类文章通常会涉及社会、政治、经济、文化等各个领域的热门话题,以及与之相关的事件、现象或趋势,往往具有较高的时效性和关注度,能够反映社会舆论和思潮,引起读者的兴趣和共鸣。

利用 AI 帮助我们写热点文是非常合宜的,因为 AI 可以在短时间内收集互联网上关于某一热点的最多、最全的资讯,比起人工收集资料,效率要高很多。但是,由于 AI 无法判断这些信息的真伪,也无法做出价值观方面的判断,因此我们必须筛选这些信息,确保我们的观点能够顺利表达。下面是利用 AI 写热点文的一些步骤。

1. 选择热门话题

选择一个当前社会热点话题或事件作为写作的对象,可以是政治、经济、科技、文化、娱乐等领域的热门事件,确保选取的话题能够引起广泛的关注和讨论。这一步骤,我们可以利用 AI 工具,输入提示词"收集最新十大社会热点",便可以得到相关的热门话题。

2. 收集资料和信息

让 AI 利用网络搜索、新闻报道、社交媒体等渠道，收集与选定话题相关的资料和信息。同时，我们要根据这些资料和信息充分了解该话题的背景、发展过程、影响等，以便判断 AI 生成文章的导向性、正确性和价值观。

3. 深入分析与观点阐述

这是关键一步，我们要对选定的热点话题进行深入分析，形成自己的观点和看法。再使用 AI 搜集相关数据、统计信息，生成支持我们的观点，或反驳某一观点的论据，以增强文章的说服力和可信度。但是，在观点的确定、数据的选择上，我们必须独立思考进行选择，记住，AI 是没有自己的观点的。

4. 结合实例和案例

AI 可以帮助我们查找真实案例，或生成具体的案例，使文章更具说服力和吸引力。

5. 发布和分享

最后，将完成的热点文发布到适当的平台上，如新闻网站、博客、社交媒体等，与读者分享并引起讨论。同时，及时关注读者的反馈和评论，不断改进和优化自己的写作技巧。

2.9 AI+ 干货分享文

干货分享文通常是指分享有实际内容或知识的文章，其目的是给读者带来实际的帮助、指导或启发。这类文章注重实用性，内容丰富、具体，其中提供的观点和技巧等，能够直接应用到读者的生活、工作或学习中。我们可以通过以下步骤，运用 AI 来写一篇干货分享文。

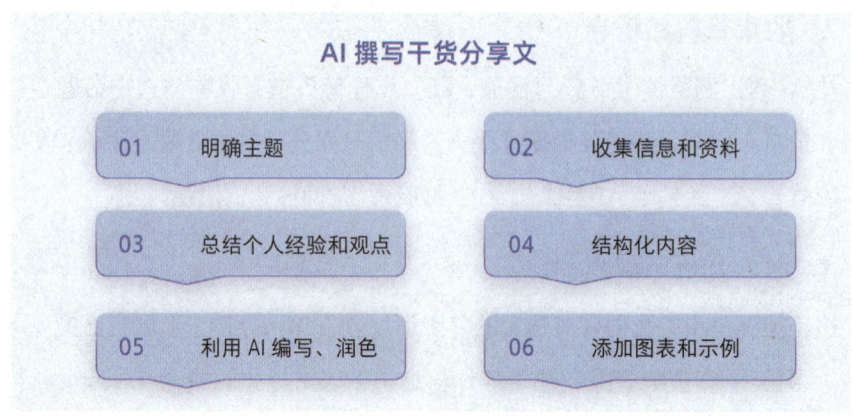

1. 明确主题

确保所选主题是我们真正了解并熟练掌握的，因为所谓"干货"一定是经过不断打磨、实验、总结之后提炼出的凝练而有价值的内容，并不是网上随处可查的泛泛而谈，如果不是真正了解的主题，是无法写出经得起大众推敲的干货分享文的。

2. 收集信息和资料

利用 AI 搜索书籍、论文、报告等资源，收集关于我们要分享的主题的信息和资料，确保信息来源可靠、权威。

3. 总结个人经验和观点

这是利用 AI 写干货分享文的核心要点，AI 并没有实际操作经验，只是将网络上的资讯收集并组合起来，因此我们要梳理出存在于我们头脑中的关于所分享主题的经验和观点，并将它们简单地罗列出来。

4. 结构化内容

将信息和资料进行逻辑排序和结构化，确保内容有条理，易于理解。

5. 利用 AI 编写、润色

将我们总结的个人经验和观点输入 AI，让其帮助我们进行语言编写和润色，让内容更加充实、生动；如果你本就是个喜欢表达、输出的人，之前写了不少文章，也可以把这些内容做好整理，用作素材投喂给 AI，让其帮助我们提炼、整合，输出一篇优质干货分享文文稿。

6. 添加图表和示例

AI 也可以根据内容需要，生成图表、示例或案例分析等，以更直观地展示"干货"。

AI 辅助写作 & 优化

3.1 AI 辅助选题和生成大纲

AI 辅助选题

在互联网时代，作者在确定写作选题时，面临的最大问题是如何"站在前人的肩膀上"进行创新。最保险的两条路就是，积极借鉴成功选题的经验和迅速跟进社会热点。

以往，分析前人成功的作品和捕捉社会热点的工作，都是很烦琐的。有时候还会因为个人眼光和客观的原因而错失良机，但是有了 AI 之后，这些就都不是问题了。因为现在的 AI 不仅可以全网帮助我们捕捉热点，筛选信息，还能帮助我们做趋势分析，做受众兴趣的分析，还可以为我们评估选题的可行性。

1. 确定选题领域和写作目标

确定选题领域，如科技、教育、健康、娱乐等；明确写作目标，是为了提供信息、分享经验、探讨问题，还是其他目的。

2. 使用 AI 趋势分析工具

利用 AI 趋势分析工具，如 Google Trends、BuzzSumo 等，来分析当前流行的话题和搜索趋势。在这些平台中输入与我们写作领域相关的关键词，就可以查看哪些话题热度最高，这就像查看微博的热搜榜，可以及时得到最新资讯。

3. 利用 AI 提出选题建议

提供一些基本信息，如写作领域、目标受众、感兴趣的主题等，让 AI 结合热点话题、市场数据等，给出选题建议。

4. 分析受众兴趣

如果已经有一系列文章或博客，可以使用 AI 分析工具分析读者的互动（如点赞、评论、分享等），来了解哪些类型的内容最受欢迎。

5. 评估选题的可行性

对于 AI 提出的每个选题，要进行初步的研究来评估其可行性。考虑选题的新颖性、相关性、争议性和潜在的受众吸引力。

6. 确定选题

根据 AI 的建议和我们的研究，选择一个或几个最有可能吸引读者的选题。

7. 深入研究

一旦确定了选题，即可收集相关的信息和数据来进行更深入的研究。可以使用 AI 来整理和分析收集到的信息，提炼出关键点和论据。

8. 撰写和修订

根据选题和大纲开始撰写文章。在写作过程中，可以继续使用 AI 进行语言润色、语法检查和风格一致性维护。

9. 发布和收集反馈

发布文章后，利用 AI 分析工具来跟踪文章的表现和读者反馈，根据反馈进行必要的修订和优化，以提高文章的质量。

通过上述步骤，我们可以有效地利用 AI 技术来辅助确定写作选题，从发现趋势到深入研究，再到撰写和修订，最终创作出高质量的内容。

AI 生成大纲

在上文我们已经提到用 AI 写作工具生成各种大纲。其实用 AI 生成文章、书籍的大纲与生成其他大纲的原理和步骤都差不多,但是如果直接用 AI 生成一本书的大纲,百分之百会被出版社编辑打回重做。

正如上文我们反复说过的,AI 是没有思想的,它只是将各种信息组合、罗列在一起,这样生成的书籍大纲就是市面上流行的那些东西,很平庸,没有创新。

我们要明确,撰写一本书的目的是受到读者欢迎,它不像是产品介绍那样简单,亮点就在于创作者的想法和个人特色。所以对于书籍,AI 生成的大纲仅供参考,更重要的是作者的情感、思想和创意。

那么这样就意味着 AI 生成的大纲对创作者没用了吗?并不是。比如,书籍的基本框架已经在我们的脑海里构思好了,但是整理出来很费时间,这时就可以通过语音转录文字等方式,将想法告诉 AI,然后让 AI 生成大纲框架,这样可以大大提高我们的创作效率;AI 也可以在我们灵感枯竭的时候,充当资源库,为我们提供各种素材,不仅能拓展思路,还能让大纲涵盖面更广。AI 还可以在思绪混乱的时候帮我们厘清思绪。有一些写小说的作者,喜欢跳过大纲直接写正文,但是写着写着就会感到线索乱了,此时作者就可以把自己的文章投喂 AI,然后让 AI 帮助提取重点,或者直接提取大纲,再根据它们整理自己的思路。

此外,我们还可以利用 AI 分析畅销书籍,拆解其爆点、受众、行文风格等,以便我们参考借鉴。

3.2 AI 热点获取

热点通常指的是广大民众普遍关注或热衷的新闻、信息,或特定时期内备受瞩目的地点与议题。

那么我们如何使用 AI 来获取热点呢？

1. 确定热点的领域

根据我们的需求，确定需要获取热点的领域。比如，娱乐博主就关注娱乐圈热点，新闻时事博主就聚焦社会新闻。

2. 选择合适的 AI

选定适合的 AI 工具，就能事半功倍。例如，如果关注科技领域的热点，可以选择专门提供科技新闻和趋势分析的 AI，如"36氪"。36氪是一家科技创投媒体，能利用 AI 技术来分析科技行业的新闻和趋势，尤其是与创业和投资相关的内容。

3. 设置关键词和参数

在使用 AI 时，我们可以设置相关的关键词和参数，让它有针对性地筛选出我们想要的热点信息。例如，我们可以设置时间范围、热点事件的类型、特定的地区或行业等。

4. 利用 AI 的搜索和分析功能

AI 具备强大的搜索和分析能力，可以快速地从海量数据中提取关键信息，并进行深入分析。例如，当我们对某一个热点了解得并不深入，想要更多相关消息时，我们就可以使用 AI 去搜索这个热点的相关信息。

5. 订阅和实时更新

有的热点社会新闻有可能暂时没有结果，这就需要我们持续关注这条新闻的实时动态。一些平台或工具提供实时更新和推送服务，能够在热点事件发生时立即通知我们，例如微博的热搜推送。这时，订阅和实时更新的功能就可以发挥作用了，它可以避免我们错过要点或者新闻后续报道。

3.3 AI 写作素材投喂

AI 写作素材投喂，简单来说，就是将我们的想法、概念或者已有的文字片段，像喂食小鸟一样喂食 AI 系统，然后等待它回馈给我们一份丰盛的创作"大餐"。

借助 AI 创作书籍时，我们需要根据创作需求进行有针对性的投喂。

投喂方式

在上文中，我们已经反复提到过资料的投喂，写作素材的投喂与资料投喂相似。AI 的投喂主要分为网页端投喂和 API 投喂两种形式。在大多数情况下，我们常用的是网页端投喂，而 API 投喂则涉及更多的技术细节，如部署和开发等，这对于新手来说比较复杂，一般我们也用不到，所以不在此展开。

对于较短的文本，我们可以直接输入或上传文档，让 AI 续写、修改或扩展内容。同时，为了引导 AI 更好地理解我们的创作意图，建议在开始创作之前与 AI 进行充分的前置对话，确保它正确理解了我们要表达的主题和方向。比如，"我现在写了一段故事，但是有点儿短，我想让它长一些"。但光是这样的提示词是不够的，还要将故事角色的设定、故事相关背景等告诉 AI，并将其设定为"资深网络小说写手"，从而让它根据我们的要求，生成高质量的故事。

具体投喂方式

如果我们不知道该投喂哪些素材，可以直接询问它，AI 会协助我们进行素材的搜集和投喂。

比如，想要创作一篇以中国明朝为背景的武侠小说，让 AI 辅助我们写作，但是不知道如何进行，此时就可以在会话框里直接提问。比如："我是一名小说作者，现在需要写一篇以中国明朝为背景的武侠小说，需要投喂你哪些素材？"

我们可以根据 AI 助手给出的建议，有针对性地进行素材的搜索和整理，然后进行投喂。如果在这个过程中遇到什么问题，还可以继续询问 AI，然后根据它的建议进行下一步。

写作素材投喂就是如此简单，无论我们是写小说、诗歌、软文，还是热点新闻等，都是一样的操作。

此外，当我们需要仿照一种或几种风格撰写内容时，我们可以直接投喂相关风格文章，让 AI 学习、模仿。

使用小诀窍

在使用素材投喂功能时，有一些小诀窍可以让我们效率更高。比如不断优化 AI 理解，在前置对话中做足功夫；根据需要搭配不同 AI 工具；使用和精心设计提示词；等等。

最后，不要忘记，AI 只是工具，永远无法取代我们的情感和直觉，真正的创作力还是源自我们的内心。

3.4 AI+ 模板套用

AI 模板套用是什么

模板套用是指利用预设的格式和结构来快速构建文章框架，填充特定内容的写作方法。这种方法特别适合需要快速产出大量内容的创作者，如社交媒体博主、营销人员或数据分析师等。各种 AI 工具的用户可以选择工具预定义的模板，并填充特定信息，来快速生成文本内容。

具体应用

通常情况下，我们只需要把提炼好的文案框架或模板投喂给 AI，让其对内容模板进行学习，之后再输入提示词，让 AI 生成文章即可。

提示词示例：请学习以上 "××" 模板，并以此模板为基础，围绕 ××（关键词或主题），创作 ×× 内容。

此外，市面上已有不少 AI 已经预设了各种模板，用户只需输入主题或产品关键词，即可得到套用模板后写出的相关内容。

下面，我们以 DeepSeek 套用 PAS 模型为例，实践 AI 模板套用过程。

PAS 营销模型是一种销售和营销框架，上文已有详细介绍。那么，如何用好 PAS 框架，让 DeepSeek 快速生成令人惊艳的营销文案呢？

假设我们要销售"职场人士 AI 写作训练营"的课程。这个训练营是为了提升部分职场人士的写作能力和效率开设的。

我们需要明确目标受众，找到他们的痛点，并收集相关产品信息，如卖点、差异点等。我们可以根据产品定位，分析目标人群特点、痛点等，并结合竞品找出产品的差异点，也可以直接问 DeepSeek。

> 你是经验丰富的产品经理，目前有一门课程"职场人士 AI 写作训练营"，它的潜在目标人群有哪几类？这几类人的痛点分别有哪些？这几类人报名该训练营的理由分别有哪些？请具体分析，并用表格输出。

根据职场人士 AI 写作训练营的性质，以下是几类潜在目标人群、他们的痛点以及报名训练营的理由的具体分析和表格输出：

目标人群	痛点	报名训练营的理由
职场新人	缺乏写作经验，表达能力有限	提升职业写作技巧，增强自信心
中级职场人士	面对高效沟通和影响力提升的挑战	提升表达清晰度，培养说服力
高层管理者	需要撰写高质量的报告、演讲稿等	增强写作能力，提升职业形象
创业者	需要吸引投资者、客户和合作伙伴的注意力	学习营销写作技巧、提升品牌形象
自由职业者	缺乏写作自律性，难以保持专业形象	培养写作习惯，塑造个人品牌

确定了目标用户，找到了他们可能正在经历的问题后，结合产品的特点，我们就可以要求 DeepSeek 写文案了。这里，假设我们的目标用户为职场新人。

提示词如下：

请使用"PAS"营销模型编写一篇公众号营销文案，确定【目标用户】面临的【问题】，激化这个问题，增加紧迫感，然后将【产品】作为解决方案提出。

目标用户：刚入职场的、急需提高写作质量和效率的新人。

问题：缺乏职场写作经验、写作规范和技巧，表达能力有限，因工作文案写得太慢而焦虑。

产品：职场新人 AI 写作训练营。

> 请使用"PAS"营销模型编写一篇公众号营销文案，确定【目标用户】面临的【问题】，激化这个问题，增加紧迫感，然后将【产品】作为解决方案提出。
> 目标用户：刚入职场的、急需提高写作质量和效率的新人。
> 问题：缺乏职场写作经验、写作规范和技巧，表达能力有限，因工作文案写得太慢而焦虑。
> 产品：职场新人 AI 写作训练营。

> 标题：解放你的文案写作！职场新人 AI 写作训练营助你成为高效文案能手！
>
> 引言：
>
> 刚踏入职场的你是否也面临着写作上的困扰？缺乏经验、表达能力有限、写作速度慢、焦虑不安？别担心！我们特别为你打造了一门绝佳的解决方案——职场新人 AI 写作训练营！让我们来助你提高写作质量和效率，成为一名出色的文案能手！
>
> P- 问题 (Problem)：
>
> 你是否遇到以下问题？
>
> - 缺乏职场写作经验，不知道如何撰写专业文案？
> - 表达能力有限，无法清晰、吸引人地呈现你的思想和观点？
> - 缺乏写作规范和技巧，难以提供高质量的文案作品？
> - 工作中的文案内容写得太慢，导致焦虑？

A- 激化问题 (Agitate)：

- 缺乏职场写作经验，撰写重要项目报告时被领导多次打回，错失表现机会，让职业发展受阻？
- 表达能力有限，跨部门合作中无法精准传达想法，影响团队协作，给同事留下负面印象？
- 缺乏写作规范和技巧，精心准备的文案在客户面前失色，导致潜在订单流失，影响工作成果？
- 工作中的文案内容写得太慢，面对紧急任务手忙脚乱，错过最佳交付时间，职业发展道路越走越窄？

S- 解决方案 (Solution)：

- 想快速积累职场写作经验？"职场新人 AI 写作训练营"融入先进 AI 技术，通过案例分析和实战演练，带你实现飞速成长。
- 渴望提升表达能力，让观点清晰且富有感染力？专业导师一对一指导，为你答疑解惑，助你突破表达困境。
- 希望系统学习写作规范和技巧，提高写作质量？训练营丰富的课程内容，配合 AI 智能批改，帮你打造高质量文案。
- 想要提高写作速度，告别手忙脚乱？训练营的 AI 辅助工具，为你提供高效写作支持，轻松应对各类紧急任务。

每一次因为写作短板而被否定，都是在给竞争对手让路！你甘心看着别人凭一手好文案在职场平步青云，自己却只能原地踏步吗？"职场新人 AI 写作训练营"就是改变职场命运的关键。这里汇聚了行业顶尖的写作秘籍，还有 AI 黑科技助力，让你短期内就能从写作小白进化成文案大神。早报名，早蜕变，别等机会被抢光才追悔莫及，立即行动，下一个职场明星就是你！

文案生成后，我们还可以继续给 DeepSeek 下达指令，比如"语言要生动，添加创意"，让文案更加有趣，重复优化，直至生成满意的营销文案。

最后，配合文案的内容，添加一张"职场 AI 写作训练营"的宣传海报，还可以进一步吸引读者的注意力，提升转化效果。

上面只是一个简单的案例。我们要针对自己产品的特点、目标受众，探索合适的切入点和提问方式，前期定位越准、痛点越痛，一键生成的营销文案越是让人无法拒绝。

3.5 AI+ 关键词和 SEO 优化

关键词

很多人觉得关键词和提示词意思差不多，其实这两个词语对于 AI 来说，还是大不相同的。我们可以这样理解关键词：关键词是用户在搜索引擎中输入的词语，用来表达个人需求；关键词是用户获取信息的简化用语。

事实上这两种定义表达的其实是同一种含义。简单来说，就是如果想要在网上搜索什么信息，就要通过一些与该信息相关的词语或者短语来进行查询，那么这个词语或短语就是关键词。比如，想搜索关于奥运会吉祥物的相关信息，但是并不知道新的奥运吉祥物是什么、叫什么名字、有什么特点，只需在搜索引擎（比如百度、谷歌等）的搜索栏里简单输入"奥运会吉祥物"，就可以得到海量结果，而我们输入的"奥运会吉祥物"就是关键词。

SEO

SEO 对于普通人来说可能比较陌生，它的英文全称是 Search Engine Optimization，即计算机搜索引擎优化。它是一种通过分析搜索引擎的排名规律，了解各种搜索引擎怎样进行搜索、怎样抓取互联网页面、怎样确定特定关键词的搜索结果排名的技术。

AI 可以在关键词的提炼和 SEO 的优化过程中起到重要作用。良好的 SEO 实践不仅包括关键词优化，还涉及提供有价值的内容和良好的用户体验。AI 可以利用大数据分析，生成质量高、相关性强的内容来满足用户需求。通过关键字优化，可以使由 AI 辅助创作的内容更容易被搜索引擎发现，从而提高文章的在线可见性。这对于增加网站流量和提升文章的阅读量至关重要。

适用 AI 介绍

下面是一些适合用于关键词和 SEO 优化的 AI 工具。

1. Semrush

优点：提供全面的 SEO 审计功能；关键词研究和竞争对手分析工具非常强大；提供内容营销工具，帮助规划和发布内容。

缺点：初学者可能会感到复杂；高级功能的价格较高。

2. Yoast SEO

优点：直接集成到 WordPress 中，易于使用；提供实时页面分析和 SEO 建议；有助于提高网站内容的整体 SEO 性能。

缺点：只适用于 WordPress 平台；免费版本功能有限。

3. Google Keyword Planner

优点：由 Google 提供，数据准确可靠；免费的工具，适合预算有限的用户；可以帮助制定广告和 SEO 策略。

缺点：需要有一定的 Google Ads 知识；对自然搜索的关键词难度评估不够精确。

3.6 AI 内容扩展、缩写和提炼

在这个信息爆炸的时代，创作是我们输出观点、分享想法等活动所必备的技能。无论是撰写一篇学术论文、一篇新闻报道，还是一篇营销推文，我们都希望

能够以最准确、清晰、精练的方式传达思想和信息。然而，有时候我们发现自己在文字表达上会遇到挑战——内容不够丰富，需要进行扩展；篇幅过长，需要进行缩写；信息杂乱，需要进行提炼；等等。在这种情况下，AI可以为我们提供高效的解决方案。

文章内容扩展

假设我们正在撰写一篇关于AI在医疗领域应用的文章，但是我们觉得其中某一段内容不够充实，我们可以使用提示词"请根据……（我们提供的信息或资料等），扩展下面这段文字，使其内容更加丰富，扩展到××字"，来引导AI进行扩展。

原始段落："AI在医疗领域的应用包括医学影像诊断、个性化治疗方案制定、医疗数据分析等。这些技术的发展使得医疗诊断更加准确，治疗更加个性化，医疗资源的利用更加高效。"

AI扩展后的内容："除了医学影像诊断和个性化治疗方案制定外，AI在医疗领域还有诸多应用。比如，在药物研发领域，AI可以帮助分析大量的生物信息数据，加速新药的研发过程。另外，在疾病预防方面，AI可以通过分析医疗数据和个人健康数据，提前发现潜在的健康风险，实现早期干预。总的来说，AI的应用为医疗领域带来了巨大的变革，促进了医疗服务水平的提高和健康管理的智能化发展。"

文章内容缩写

一篇文章或某一段落内容过于冗长，我们想进行缩写时，可以将这段内容输入语言模型中，并输入提示词："以下内容太啰唆，请缩写到××字，要求语言简洁，句子通顺。"

原始段落："AI在医疗领域的应用非常广泛，它可以帮助医生进行疾病诊断和治疗方案的制定，同时可以分析大量的医疗数据来发现潜在的健康风险，从而实现健康管理的智能化发展。"

AI 缩写后的内容："AI 在医疗领域的应用广泛，可帮助诊断、制定治疗方案，分析医疗数据发现健康风险，促进健康管理智能化。"

文章内容提炼

以我们上文扩写的医疗领域的文段为例，需要其中的关键信息和要点时，可以将整篇文章输入 AI 工具，然后下达指令"请提炼以下文段的关键内容"，就可以得到以下内容要点。

1. AI 在医疗领域的应用不仅限于医学影像诊断和个性化治疗方案制定。

2. 在药物研发领域，AI 可以分析生物信息数据，加速新药的研发过程。

3. 在疾病预防方面，AI 通过分析医疗数据和个人健康数据，提前发现潜在的健康风险，实现早期干预。

4. AI 的应用为医疗领域带来了巨大的变革，促进了医疗服务的提升和健康管理的智能化发展。

虽然 AI 能进行高效率的内容扩展、缩写和提炼，但有几个关键的事项需要注意。

首先，生成的内容应该准确反映原始内容的核心思想，并且保持逻辑上的合理性，避免出现与原文不相关或错误的信息。其次，在进行内容缩写时，要确保保留了原始文章中的关键信息和重要细节，要通读缩写后的文字，确定其流畅自然，并且符合逻辑，避免断章取义或内容不连贯。

最重要的是，我们必须重视最终的编辑和修改，以确保文稿的质量，同时确保内容没有侵犯他人的知识产权，并遵守相关的法律和道德准则。在这个过程中，我们应始终保持人机合作的方式，充分发挥人类创造力和智慧，让我们的思考和观点体现在文字中，让所写的内容是充实而有价值的，而不是一堆按照语言逻辑堆砌的文字。

3.7 AI 文章润色——生成爆款标题、错别字校对、提高流畅度及风格转换

生成爆款标题

想要吸引读者的眼球,让更多人愿意点开并阅读我们的文章,那么吸引读者的标题是成功的关键。但是好的标题并不是那么容易写的,很多时候作者抓破脑袋也想不出一个好的标题,遇到这种情况,我们就可以借助 AI 工具,为我们生成爆款标题了。

现在国内很多软件、网站或 APP 都有 AI 生成爆款标题的工具。比如"小红书爆款笔记助手"(网页),易撰(网页),创意标题助手(网页),标题大师(APP)等。具体的爆款标题生成过程见上文,不再赘述。

错别字校对

在 AI 没有出现时,要校对文章中的错别字,只能一个字一个字地去查找,有时候甚至检查好几遍依旧还有错别字存在。书籍在出版前,也要由专业的校对人员进行多次校对。现在,随着 AI 的兴起,擅长进行错别字校对的 AI 工具已经出现,比如来纠错、讯飞智检等。还有很多小说网站也为作者提供智能纠错插件。当然,这些 AI 工具不仅可以纠正错别字,还有日期纠错、语法纠错、机构纠错、地点名称纠错等功能。

提高流畅度

一篇好的文章,语言应当像流水般顺畅,不卡壳,不错误断句,在转折和分段时,能够使用合适的过渡句和连接词,这样读者读起来才会觉得舒适。AI 可以分析文本的语法、句子结构和词汇,提供改进建议,使文章更加流畅和易于理

解。如果我们使用提示词对 AI 发出相关修改指令，AI 也可以直接进行修改润色。

风格转换

文章的风格很多，如豪放、婉约、隽永、朴实、通俗等。使用 AI 对文章进行润色，不仅可以帮助作者快速实现风格转换，还可以提高写作效率、注入新的创意和视角。

要使用 AI 进行文章风格转换，可以采取以下具体步骤。

1. 数据准备

收集各种风格的文章，确保每种风格的文章数据都充足，以便训练模型。

2. 模型训练

选择其中一种风格，让 AI 模仿生成句子或段落。判断生成的文字风格与目标风格是否统一，然后给出修改意见，如"过于严肃，请生活化一点""不够婉约，请在细节描写上更加细腻"等。

3. 风格转换应用

模型训练完成后，就可以将其应用于实际的文章风格转换任务中。输入原始文章，选择目标风格，模型将会输出具有目标风格的文章。

4. 评估与调整

评估模型输出的文章质量，并根据需要进行调整和优化。

3.8 AI 排版优化

从书籍、海报、广告，到网站、APP 界面，各种跟视觉有关的呈现，都离不开排版。有时候一本书或者一张海报的成败，就取决于排版。

比如某个图片网站，因为使用了"瀑布流"排版设计，就在众多图片网站中脱颖而出，轻松获得海量的用户。在书籍出版领域，AI 智能排版通过调整字体、行间距、对齐方式等参数，使版面布局更加合理，不仅提升了书籍的整体视觉品质，也有助于提高读者的阅读兴趣。

在广告和海报排版方面，AI 能够通过各种大数据进行分析，迅速确定关键词以捕捉目标受众的视线，提高信息传达的效率和准确性。通过精准的字体选择、色彩搭配以及图文混排，AI 能够创造出极具吸引力的视觉效果，有效提升广告的价值和影响力。

对于网站和 APP 界面设计，AI 也同样发挥着至关重要的作用。在竞争激烈的互联网世界中，一个清晰、简洁、时尚的界面设计往往能决定用户的使用体验和满意度。AI 可以通过智能化的布局调整、元素重组以及交互设计，打造出符合受众审美的界面，从而提升用户黏性和活跃度。

3.9 ChatGPT+RPA 自动化批量写作

作为一个擅长生成创意内容的超级智能助理——ChatGPT，想必大家已经耳熟能详了，上文也对它进行了详细的介绍。而 RPA，恐怕很多人还是第一次听说。

RPA

RPA（Robotic Process Automation）即机器人流程自动化，是一种利用软件机器人或 AI 执行日常办公室任务的技术。简单来说，就是用"虚拟机器人"替代人工的一种方式。

想象一下，你有一个不知疲倦的小助手，它可以替你完成收发邮件、整理文件、统计数据等工作，这个小助手就是 RPA 中的"机器人"，它可以按设定好的步骤和规则来工作，帮助你节省时间，降低出错率。

RPA 的应用非常广泛，它提供多种功能，包括网页自动化、桌面软件自动化、Excel 处理、数据库、图片识别等，因此可以在各种行业和各个部门中发挥作用，比如财务、人力资源、客户服务等。举个例子，一家公司的财务部门可能需要定期从不同的系统中收集财务数据，然后进行整合和分析，这个过程相当烦琐，但是使用 RPA，财务人员可以设计一个自动化流程，让机器人自动完成上述工作，不仅节省了人力资源，还提高了工作效率和准确性。而这样一个勤奋、可靠的小助手，普通人无须掌握编程知识也能快速上手。这是因为目前市面上的 RPA 工具人机交互设计得非常友好，学习门槛低。

具体应用

将 ChatGPT 与 RPA 结合，意味着可以利用 RPA 的自动化能力来触发、控制和优化 ChatGPT 的内容生成过程。

搜索相关的文章、资料和热点词汇
先要让 RPA "助手"在网络上搜索相关的文章、资料和热点词汇等，得到相关内容之后，输入 ChatGPT，它就会根据这些信息，生成一篇关于如何通过饮食提高免疫力的文章草稿。

细化、删改，调整语言风格
对这篇草稿进行细化、删改，调整语言风格等处理，让它更符合我们的行文风格。将修改后的文章再次投喂给 ChatGPT，让它调整、润色。

进一步优化文章
搜集一些生动的例子或者最新的研究成果，进一步优化文章。文章优化完后，RPA "助手"进行自动排版，包括设置标题、副标题、段落格式和添加适当的图片或视频等。

发布文章并监控读者反馈
让 RPA "助手"自动将文章发布到公众号上面，并且监控读者的反馈，就完成了撰写公众号文章的任务。

如果要在小红书、抖音图文、公众号等平台上打造个人账号，需要花费大量时间去抓取热门笔记与数据做分析；如果做抖音、快手或者其他视频号就需要批量剪辑大量视频，并且上传到不同的平台；如果做电商就要搜集各种信息，导出订单，分析筛选……这些工作都是简单但烦琐的重复性劳动，会耗费大量时间和人力，但是又不得不做。然而只要将 ChatGPT 与 RPA 结合，这些工作就可以交给 RPA 来快速完成。

1 AI 绘图工具及具体操作介绍

1.1 Midjourney

提到 AI 绘画，稍微有点儿了解的人，都会第一时间想到 Midjourney 和 Stable Diffusion。这两款 AI 绘画工具可以说是全球最火的 AI 绘画工具了，它们和 ChatGPT、DeepSeek 几乎成了 AI 的代名词。

Midjourney 是一款由位于美国加州旧金山的 Midjourney 研究室开发的 AI 绘画工具，创始人是 David Holz。该工具使用了深度学习和计算机视觉技术，能够根据用户的文本描述或上传的图片生成逼真的绘画作品。自 2022 年 3 月面世以来，Midjourney 作为搭载在 Discord 社区上的工具，迅速成为讨论焦点，尽管它是一款收费工具，还是迅速吸引了数百万用户尝试使用。

2022 年，Jason M.Allen 使用 Midjourney 创作了名为 "Théâtre D'opéra Spatial"（《太空歌剧院》）的作品，在美国科罗拉多州博览会的艺术比赛中获得了第一名。这不仅引起了广泛的讨论和关注，也让 Midjourney 广为人知。

Midjourney 与其他 AI 绘画工具完全不同的地方在于，它是在 Discord 平台内运行的，而不需要安装在设备上。同时，用户使用时无须使用传统的基于网络的界面进行交互，只需要输入提示词，Midjourney 便能将这些想法迅速转化为生动且富有创意的艺术作品。不仅如此，它还提供了丰富的素材库和工具，让用户能够轻松调整色彩、线条、纹理等要素，打造出独一无二的艺术风格。Midjourney 在艺术创作领域的应用十分广泛。对于游戏设计师而言，它可以快速生成各种风格的场景、角色和道具，为游戏增色添彩；对于广告人而言，它能提供富有创意的广告素材，吸引更多目光。此外，在插画、摄影、动画等领域，Midjourney 也发挥着巨大的作用，为艺术家们提供了源源不断的创作灵感。

1.2 Stable Diffusion

Stable Diffusion 是一种生成式 AI 模型，与 Midjourney 一样，是这几年大热的 AI 绘画工具，它可以根据文本和图片提示生成独特的逼真图片。自 2022 年问世以来，Stable Diffusion 便引起了业界和公众的广泛关注。凭借卓越的图片生成能力，Stable Diffusion 不仅可以将文本和图片的创意转化为生动的视觉作品，更在 AI 艺术领域开辟了新的天地。

Stable Diffusion 模型的核心在于深度学习能力和计算机视觉技术的结合。通过投喂大量的图片数据，模型能够捕捉到图片中的细节、色彩、纹理等要素，进而在生成新图片时将这些要素巧妙融合。与传统的图片生成技术相比，Stable Diffusion 不仅能够生成更加逼真的图片，而且能够根据用户的文本提示创造出独一无二的艺术作品。

除了在艺术和设计领域，Stable Diffusion 在其他领域也具有广泛的应用前景。在医学领域，Stable Diffusion 可以帮助医生生成逼真的病变图片，从而提高疾病诊断的准确性和效率；在娱乐行业，Stable Diffusion 可以为游戏开发者提供丰富的场景和角色设计灵感；在教育领域，Stable Diffusion 可以帮助教师和学生更加直观地呈现和理解抽象概念，使教学方法更多元、更直观。

1.3 基本操作技能

文生图

"文生图"是一个术语,通常用于描述通过 AI 技术从文本描述中生成图片的过程。这种技术利用深度学习算法,将文本描述转化为图片。用户只需要提供一个简短的描述,比如"一条宁静的林间小路",AI 就能创作出一幅相应的画面。

在文生图的过程中,经过海量的图片数据训练的 AI 系统首先会解析文本,提取其中的关键信息,如对象、颜色、形状、纹理等,然后根据这些信息生成相应的图片。

如果我们想要用 Midjourney 生成想要的图片,需要输入一个命令和一个提示。具体操作步骤如下图所示。

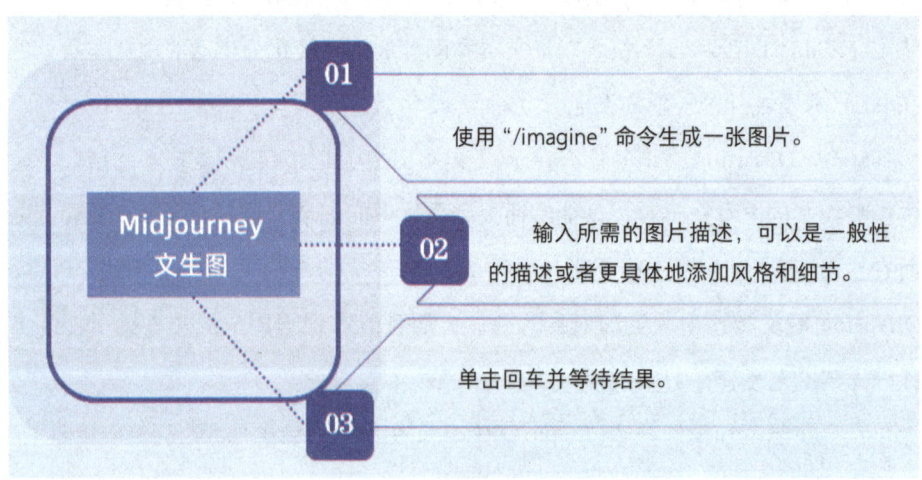

例如我们想要生成一只可爱的小兔子的图片,就可以输入"可爱小兔子",Midjourney 就会随机生成四张关于小兔子的图片。

在这四张图片的下方会出现两排按钮,分别是 U1、U2、U3、U4 和 V1、

V2、V3、V4，此外还有一个循环箭头的按钮。我们可以选择其中之一创建新的变体，即在该图片的基础上再生成四张新图片。

如果我们对生成的图片满意，想要得到更高分辨率的图片，可以单击与图片相对应的按钮，将其升级成更清晰的高分辨率版本图片。如果我们对生成的图片不太满意，可以单击蓝色循环箭头的图标，重新运行描述词，获得一组全新的图片。此外，还可以使用其他按键来放大图片或进行局部调整。

图生图

"图生图"与"文生图"一样，图片也可以作为素材输入让 AI 识别分析，所以 AI 绘画里还有一个"图生图"的功能，俗称"垫图"。

"图生图"就是重新绘制所输入的图片。重绘的本质是将输入的图片信息进行分析，得到跟输入的图片存在一定联系的新作品。如果我们想要一张自画像，但是又没有绘画基础，就可以利用 Midjourney 的图生图功能为自己生成一张自画像。具体操作步骤如下图所示。

Midjourney 图生图

STPE. 01 挑选一张自己喜欢的高清照片，照片格式需要是 jpg 或者 png。

STPE. 02 把选好的图片拖进输入框，发给 Midjourney，按回车键，点击图片，复制图片链接。

STPE. 03 在对话框内输入"/imagine"，将图片链接粘贴到提示框内，再在图片链接后加逗号或者空格。

STPE. 04 按上文调整图片的方式对图片进行调整，直到生成我们满意的图片为止。

"图生图"可以实现多张图片的融合，即合成功能。由于现在 AI 绘画技术还在不断更新迭代中，目前只有两张图片的融合效果还是不错的，多张图片合成效果还有待优化。

在Midjourney里我们具体应该怎么操作呢？例如我们想给朋友生成一张专属的头像，先新创建一个频道，然后在对话框内输入"/blend"，单击回车键，就会出现添加文件的提示框。这时候就可以将选好的图片拖拽进去，比如一张朋友的高清照片，一张想要的目标图片。目标图片可以是动漫风，也可以是水墨风，根据我们的喜好和需求来选择即可。稍微等待，Midjourney会为我们生成四张图片，接着，我们还可以进一步优化，步骤与上面我们介绍的优化操作相同。

AI 赚钱案例

2.1　AI 儿童绘本制作

利用 AI 绘画工具制作儿童绘本是 AI 变现的一个好渠道。

在 AI 问世之前,传统的儿童绘本制作需要长时间的手绘和精心设计,通常需要插画师手绘插图,这个过程往往需要耗费大量的时间和人力资源。

现在,我们发现有很多人通过 Midjourney 与 PS 做儿童绘本,事实上已经有儿童绘本制作公司开始与 AI 绘画工具平台合作,使用 AI 绘画工具来进行儿童绘本的创作,开创了绘本创作的新局面。

有了 AI 绘画工具的助力,绘本的创作速度大大提高了。根据内容生成的图

片多姿多彩，还有多种方案以供选择，整个绘本的制作时间减少了60%，人力成本也大大降低了，出版周期也缩短了。在这场变革中，绘本的质量和多样性得到了极大的提高，同时也为孩子们带来了更多的精彩故事。

接下来我们就来聊一聊使用AI制作儿童绘本的具体变现攻略。

首先，我们要确定目标受众和绘本的主题、风格。例如，1—3岁的低龄段儿童喜欢简单明快的插图和剧情，3—6岁的儿童则可以接受稍复杂的构图和段落。绘本的主题要针对儿童的兴趣点设计，可以是日常生活相关、动物题材、传统故事等，不同的题材需要使用不同的视觉语言来呈现。

其次，在初步创作阶段，借助AI绘画工具中的文生图技术，我们可以依据文稿迅速生成多样化的初稿方案。无论是选题构思还是草图绘制，AI均能在短时间内高效完成，这极大地缩短了制作周期，同时也为制作团队减轻了工作负担。此外，通过多样化的风格以及丰富的图像元素，每本绘本都能展现出独特的魅力，从而满足不同年龄段儿童的阅读需求。

无论是单册绘本还是系列绘本，插画都应遵循一致的风格、色彩，以确保整体视觉效果的和谐统一。在插画创作中，人物面部表情是关键所在，它将直接影响到故事的表达效果和读者的情感体验。如之前所述，我们可以先利用AI技术生成插图的初稿，随后再进行二次优化，以提高插画的质量和表现力。

最后是后期编辑与制作，如排版设计，文字内容的排布插入，封面、封底的装帧设计，以及印刷、上架等环节。

在利用 AI 绘画工具制作儿童绘本的过程中，有几个需要注意的问题。

1. 绘本文字内容不能直接通过 AI 一起生成，必须分页按内容进行再编辑；
2. 所有的画面元素不可能一次性生成，可以分开生成最后组合在一起；
3. 想要完成儿童绘本的制作，必须解决角色形象统一、风格一致，以及预留文字空间等问题。

2.2 AI 头像定制

在当今社会，形象的重要性日益凸显，尤其是对于年轻人而言，他们不仅通过各式各样的发型和服装来展现自己的个性，还在互联网上积极寻求独特的身份标识，比如独特的头像。因此，头像定制服务应运而生，成为一种新的流行趋势。

过去，设计师需要手绘或使用图像处理软件来绘制头像。然而，随着科技的发展，尤其是 AI 的崛起，头像定制的方式发生了翻天覆地的变化。现在，我们只需描述需求，AI 绘画工具就能够自动为我们生成符合要求的头像。这种利用 AI 生成头像的技术被称为"AI 头像定制"。具体制作过程在上文中已有介绍，不再赘述。

随着短视频平台的用户规模持续扩大，姓氏头像项目的影响力及市场潜力得到了显著提升。在巨量算术的关键词搜索中，姓氏头像的综合指数已经跃升 2 万以上，这一数据无疑证明了该项目的巨大市场潜力。

综上所述，姓氏头像项目在虚拟产品的竞争中仍具有显著的优势和巨大的发展潜力。对于有意进入该领域的企业和个人来说，现在无疑是一个值得布局的良机。

在有了 AI 辅助之后，AI 姓氏头像定制服务不仅简化了头像制作的过程，还极大地提高了定制头像的个性化水平。目前这个项目有多种变现方式。在前期，我们可以通过在各大平台建立账号来进行布局。账号建立后，可以直接在公域平台变现，比如开直播获得观众赠送的礼物，拉动账号直播流量，也可以引流到私域，为客户提供姓氏头像定制服务。另外，还可以通过收徒的方式来变现。

2.3　AI 写真艺术照

AI 写真工具让我们在家自行制作写真艺术照成为可能，比如 Midjourney、Stable Diffusion 等，更简单的、无门槛操作的工具，比如一键改图、PlayArti、

CFSparkArt 等，只需要简单几步，即可制作出个性化的 AI 写真图片。具体操作步骤如下图所示。

AI 写真艺术照

01 选择照片：从相册中选择一张或多张想要编辑的照片。

02 上传照片：将选定的照片上传到 AI 写真工具的平台或应用程序中。

03 输入提示词："请帮我用以下照片，生成 ×× 风格（如古风、科幻等）艺术写真，要求如下……"

04 选择样式：在提供的样式库中选择喜欢的风格或艺术效果。

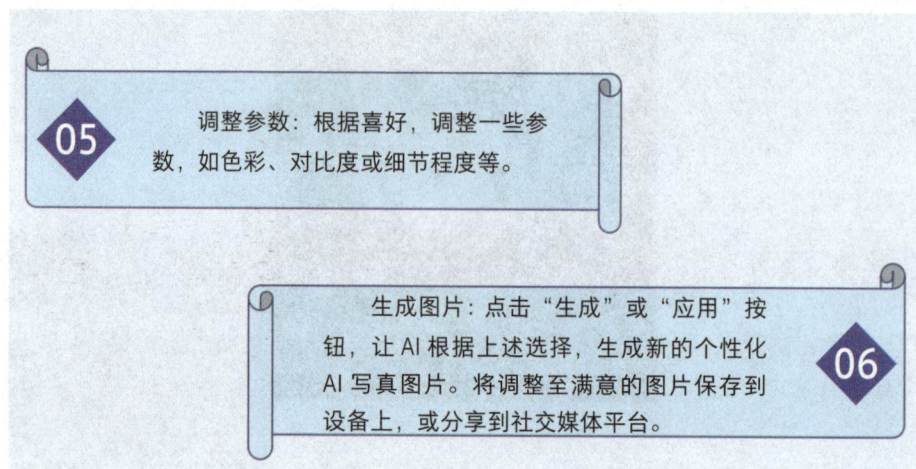

利用 AI 技术，不仅可以轻松制作出各种风格的写真大片，而且在特殊效果呈现上更是表现超群，其成片质量有时甚至超越了花费高昂在影楼制作的作品。

2.4 AI 壁纸

除了以上变现途径，还有一个变现渠道不可小觑——利用 AI 做热门 IP 壁纸。

具体操作是：选定比较热门或者比较经典的影视剧，使用 AI 绘画工具生成各种角色的 Q 版人物，然后在抖音、小红书、视频号等平台建立账号，进行发布。因为本来选中的就是自带流量的热门人物，自然各个账号的流量成绩都不错。在经营一段时间，积累了一定的粉丝量之后，就可以在平台开店了。比如在小红书上开个人小店，做一个同类型定制图的商品链接，定价在 50—100 元，就会有不少人下单。另外还可以在发笔记的时候，在图片上打上水印，然后在个人小店内上链接直接卖原创壁纸，单张壁纸定价在 1—10 元，并且提供壁纸包年更新服务。

还有一些图片视频类的素材网站，会和 AI 绘图网站合作，用户使用 AI 生成的图片或者视频，可以上传到这些合作的素材网站，网站会给予用户一定的费用，这也是一种稳定的收益。

除了 IP 剧壁纸外，AI 生成的真人壁纸和风景壁纸也都非常受欢迎。这些图的生成方法，用到的还是我们上面讲到的文生图、图生图这两种，现在国内也有很多付费一键生成图片的 AI，原理与 Midjourney、Stable Diffusion 是一样的，而且可以直接输入中文，不懂英文也没关系。

第五章

AI 视频

AI 视频生成

什么是 AI 视频生成

AI 视频生成是指使用 AI 算法自动创建视频内容的过程。AI 模型通过学习大量的视频数据，理解视频中的运动规律、物体特征和场景动态，从而生成逼真的、连贯的视频帧序列。

应用场景

- **社交媒体的内容生成**：AI 可以模仿已有的真人视频进行内容生产。比如将短视频平台上的真人跳舞视频投喂给 AI，经过分析之后，AI 就可以生成动漫风角色的跳舞视频。目前，已经有人在视频平台创建账号，专门利用 AI 生成动漫人物跳舞视频，迅速吸粉百万。

- **电影和游戏产业**：已经有不少公司和个人开始研发使用 AI 生成动画的技术，2023 年年底，网上就已有完全用各种 AI 工具生成的、连续、有情节的动画视频，一时在网络上引起热议。

- **广告行业**：投喂海量经典广告片之后，AI 可以根据用户需求制作不同风格和效果的广告宣传片。

- **气象模拟**：可用 AI 建立模型模拟天气变化和自然灾害等，帮助气象学家更深入地理解和预测自然现象。

- **医学模拟**：可用 AI 模拟手术过程，为医学培训提供更为真实和生动的体验，帮助医生更好地学习和理解手术技术。

尽管 AI 视频生成技术发展迅速，给我们带来了许多的惊喜，但是暂时还不成熟，想要正式投入商业应用，它还面临着诸多挑战。不过 2024 年伊始，OpenAI 的视频生成模型 Sora 的出现，惊艳了所有人，也让人们对 AI 视频生成技术的未来发展更为期待。

AI 视频剪辑

AI 视频剪辑是利用 AI 技术，来自动化视频内容的编辑和制作过程。这种技术可以显著提高视频制作的效率，降低对专业技能的依赖，并创造出新的内容形式。AI 视频剪辑的核心功能如下图所示。

AI 视频剪辑的核心功能

自动剪辑	AI 可以根据预设的规则或学习到的模式，自动识别视频中的精彩片段，进行剪辑和拼接，生成高吸引力的视频内容。
智能摘要	通过分析视频内容，AI 可以提取关键画面和信息，生成视频摘要或高光时刻，方便快速浏览和分享。
内容识别与标签	利用图像和声音识别技术，AI 能够识别视频中的对象、场景、动作和语音内容，并自动为其添加标签，便于搜索和管理。
风格迁移	AI 可以将一种视频风格迁移到另一种视频上，例如将普通视频转换成具有特定艺术风格或电影质感的视频等。
音频同步与增强	AI 可以自动同步视频中的音频和嘴型，还可以通过音频增强技术改善声音质量，增加背景音乐和特效。
视频内容分析	AI 可以通过计算机视觉技术分析视频帧，识别场景、物体、人脸、动作等元素来理解视频内容的上下文，为后续的剪辑决策提供依据。
音频处理	利用自然语言处理和音频识别技术，AI 可以分析视频中的对话、音乐和声效，进行语音转录、噪声消除、音量平衡等处理。
智能剪辑算法	AI 可以通过学习大量的视频剪辑样本，掌握剪辑的节奏、风格和叙事结构等，然后根据预设的规则或用户输入的参数自动剪辑视频，生成连贯且富有表现力的视频内容。
特效和过渡	AI 能够自动识别视频中的关键点和高潮部分，并添加适当的特效和过渡，增强视频的视觉吸引力。

用 AI 进行视频处理的具体步骤如下。

1. **数据预处理**：对视频进行初步处理，包括格式转换、分辨率调整、帧提取等，以便后续的 AI 分析和处理。

2. **内容分析**：使用计算机视觉技术对视频帧进行分析，识别场景、对象、动作等，并利用自然语言处理技术对音频内容进行转录和理解。

3. **特征提取**：将分析后的视频内容作为素材输入 AI 工具，让它从视频中提取关键特征，如颜色、纹理、人物、形状、运动模式等，为后续的内容识别和分类做准备。

4. **模型训练**：利用深度学习算法，训练 AI 模型识别和生成所需的视频内容。

5. **自动编辑**：根据预设的编辑规则或用户输入的指令，AI 自动进行视频剪辑，包括剪切、拼接、转场效果添加等。

自动生成的 AI 视频除了制作短视频，还可以用在很多方面，比如体育赛事剪辑、新闻报道、社交媒体内容制作、电影和广告制作等。想要学习或尝试用 AI 制作视频，我们可能会用到以下软件。

软件推荐

- **Pika**：利用深度学习技术，Pika 能够生成富有艺术感的视频，为视频内容增添独特的风格。

- **Runway**：拥有丰富的预训练模型，不仅能生成艺术和设计内容，还能激发创意，制作出令人印象深刻的作品。

- **即梦 AI：** 作为剪映的旗下产品，结合 AI 技术，提供高效、智能的视频生成工具，帮助用户快速打造专业级视频。

- **艺映 AI：** 提供多种功能，包括文字生成视频、图片生成视频、运动笔刷等，让视频制作变得更加有趣和富有创意。

- **Morph Studio**：全自动生成视频的 AI 视频工具，可以通过输入文本进行视频生成，不需要任何剪辑过程。国内与之类似的软件是"腾讯智影"，腾讯智影还拥有强大的虚拟数字人功能，也可以尝试一下。

- **秒剪**：可以智能生成剪辑方案，专为朋友圈打造，拥有丰富的模板和配乐素材，适合剪辑短视频。

- **Adobe Premiere Pro**：作为一款老牌的图层式视频编辑软件，它集成了 AI 技术，不仅能自动化视频编辑，还能提供丰富的工具制作专业级作品。

- **Davinci Resolve**：另一款老牌的节点式视频编辑软件，整合了 AI 智能剪辑和颜色校正功能，大大提高了视频编辑的效率和质量。

如果要用到 AI 特效和 3D 效果，可以尝试以下软件。

- **Unity**：作为虚拟现实和增强现实应用的引擎，Unity 支持 AI 技术的整合，为用户提供强大的创作工具。

- **Unreal Engine**：提供全面的虚拟现实开发工具的 Unreal Engine，同样支持 AI 技术的集成，帮助开发者创造出震撼的虚拟体验。

AI 批量生产视频

AI 批量生产视频是指利用 AI 大规模、自动化地生成视频内容。AI 技术通过模拟人类的创意和编辑过程，能够高效地完成从内容策划到最终视频输出的一系列任务。随着 AI 技术的发展，短视频的制作门槛也不断降低，为很多普通人打开了新的机遇之窗。AI 可以通过以下步骤进行视频生成。

如何利用 AI 进行视频生成

01 内容生成
AI 可以通过自然语言生成（NLG）技术根据给定的关键词或主题自动生成脚本和故事线；还能根据现有的文本自动创建视频脚本。

02 图像和视频处理
利用 AI 识别和处理图像、视频素材，包括物体识别、场景理解、面部表情分析等。

03 音频生成
通过语音合成技术（Text-To-Speech, TTS），AI 可以生成自然的语音旁白和对话。此外，AI 还能根据视频内容自动匹配背景音乐和声效。

04 编辑和后期制作
通过学习大量的视频编辑样本，AI 能够自动进行视频剪辑、色彩校正、特效添加等后期制作工作，还能掌握并应用各种编辑技巧和风格。

具体应用及步骤

不知道大家刷短视频的时候，有没有看到过一些小说或者漫画的推广视频？其实很多人都利用 AI 制作这种小视频作为副业，收入相当可观。那么作为一个普通人，想要利用 AI 制作短视频来赚钱，具体需要怎么操作呢？下面我们以制作小说推广视频为例,讲一下使用 AI 制作视频的基本步骤。

1. 内容策划与数据收集

在我们得到委托方的授权之后,先确定好要推广小说的定位,需要根据小说的定位设置提示词。然后,准备好生成链接所需要的各种数据(小说内容或小说网址)。

如果需要推广的小说是男频小说,那么视频定位一般就是现代职场精英、热血竞技或者玄幻武侠风,人物形象大多是霸道总裁、铁骨铮铮的硬汉,或者比较俊美帅气的剑客等;如果是女频文的推广,那么视频的风格一般比较华丽或者甜美,人物以女性为主,如高贵冷艳的大小姐,或者甜美可爱的邻家小妹等。风格定位好,用户在观看时才会对故事有代入感。

如果要推广的是长篇小说,我们没有时间去细读,可以按上文介绍的方法,利用 AI 提取关键内容和人物性格等。

2. 脚本自动生成和提示词设置

在我们提取过小说关键信息之后,可以根据关键信息进行脚本的制作和提示词的设置。

首先,因为已经获得委托方的使用许可,所以我们可以直接用小说原文作为视频脚本。

提示词是为了生成画面,可以根据小说原文来设置。例如,我们要推广的小说背景是某个朝代,那么我们就可以根据这些内容来设置提示词,如宫廷建筑的风格,人物的服饰搭配、头发造型、面部特征、表情的微妙变化、手部或肢体动作等。

3．视频的制作

在确定了视频脚本之后，我们可以使用 AI 为脚本生成音频文件，在合成视频时使用。在生成音频的时候，要考虑好该音频是否与视频内容相匹配。

音频生成后，接着使用 AI 生成视频素材。目前生成视频的 AI 种类繁多，但是使用步骤基本相差无几，我们要使用的是其中的文字转视频功能，在 AI 里打开文字转视频的选项，按照步骤提示输入提示词。这里的提示词分为两部分：一部分是标题，描述视频的大致画面；一部分是正文，用来补充视频主题的具体要求，即我们上一步骤提炼好的关于场景和人物的提示词。随后，选择模型和视频风格。视频风格主要有三种——写实、动漫、卡通，我们可以根据需要来进行选择。

有的 AI 工具有预览视频画面的功能，有的是直接生成视频。如果是直接生成视频的 AI 工具，我们在生成视频之前要进行视频的参数设置，如果是带有预览功能的 AI，则会多出一个导出视频的步骤。视频的参数有三个比较重要：一个是质量，我们可以选择高质量；一个是分辨率，一般选择 1920×1080；还有一个是比特率，一般设置为 8000。其他的参数使用默认的数值即可。如果发布的平台对视频参数有要求，可按照平台要求对视频参数进行设置。

4．AI 视频剪辑与合成

因为 AI 技术的局限性，所以只能生成较短的视频，长度一般是几秒到十几秒。所以我们可以将脚本分段生成若干个几秒钟的短视频素材。在使用相同步骤批量生成所有的素材视频之后，我们可以选择一些带有模板的 AI，对视频素材进行剪辑和合成，再给视频加上背景音乐。最后，将合成完毕的视频导出，就得到了成品。

进阶玩法与应用流程思路

如果我们了解 AI，又有点儿剪辑的基础，那么我们可以挑战进阶玩法。

1．视频模板的模块化

各个短视频平台的热门视频其实都很相似，一般可以分成开场白、产品展示、客户评价、结尾呼吁等几个部分。要制作这样的视频,可以将视频分成若干模块,每一个模块代表着视频的一个特定部分,这样不仅可以提高视频内容的组织性,还可以在批量生产时为每个部分提供更大的灵活性。

2. 利用 AI 创作和生成视频切片

如果我们想要模仿某个爆款视频,就可以使用 AI 针对每个模块的内容生成多条视频切片,但是注意,我们不能照抄别人的视频,在这个过程中一定要保持原创性。

接下来,我们可以先使用 DeepSeek 进行各种文案和脚本的改写,虽然每个视频的脚本传达的核心内容都是相同的,但是可以变换不同的叙述手法或者语言风格,确保每条视频切片都有独一无二的原创性。例如,在产品推广视频中,虽然每条切片视频都是在展示产品,但是可以通过不同的视角、不同的应用场景来呈现,从而创造出多样性。

3. 批量拍摄与剪辑

在一些具体的应用场景中,比如产品的宣传视频,可以按照相同的时间间隔进行拍摄。例如 5 秒展示一个产品,然后不断更换产品进行拍摄,形成一段长视频。然后,利用 AI 按照固定的时间间隔(5 秒),对视频进行剪辑,这样就可以生成多个短视频,每个视频中只集中展示一种产品。

4. 自动化合成视频

在最后的视频合成步骤中,利用 RPA 工具执行如视频剪辑、转场、音频同步等工作从各模块中随机选取视频切片,并将它们按照既定的顺序和规则进行合成。这样既能够确保批量生产的每个视频都具有独特性,又避免了内容的重复,一举两得。

看完上面的批量生产视频的思路,是不是也想去做视频了?通过 AI 与 RPA 的"强强联合",视频的制作可以变得更加高效。别人可能 3 天做 1 个视频,利用 AI 和 RPA,可以 1 天做 30 个视频,在质量差不多的情况下,更多、更快地发布视频肯定更有竞争力。

4 新工具 Sora

2024年伊始，OpenAI 发布的视频生成模型 Sora，一经面世，就引来了极大的关注。Sora 生成的视频在流畅度、稳定性、合理性，甚至是视频时长方面，都超越了目前任何 AI 视频生成工具。

据说，Sora 的原理是从大语言模型中获得灵感，通过互联网规模数据的训练来获得通用能力。它是基于扩散模型的视频生成工具，从类似于静态噪声的视频开始，通过多个步骤逐渐去除噪声，从而使视频从随机像素转化为清晰的图像场景。Sora 的主要特点如下图所示。

Sora 的主要特点

01 长视频生成
Sora 能够直接输出长达 60 秒的视频，这在视频生成技术中是非常先进的，因为大多数 AI 视频技术通常只能生成较短的视频片段。

02 高度细致的内容
Sora 生成的视频包含高度细致的背景、复杂的多角度镜头，这意味着它能够创造出具有深度和复杂性的故事场景。

03 情感丰富的角色
Sora 不仅能够准确呈现细节，还能理解物体在物理世界中的存在，并生成具有丰富情感的角色。

04 多样化的生成能力
Sora 可以根据文本提示、静止图像，甚至填补现有视频中的缺失帧来生成视频。这种灵活性使它能够应对各种不同的创作需求。

除了上述几点外，还有很值得介绍的"文生视频"功能，以及"图生视频"功能。其他 AI 视频生成软件可能也具备这两项功能，但是没有达到 Sora 的高度。

在"文生视频"方面，Sora 使用了 DALL·E 3 的 recaption 技巧，即视觉训练数据生成高度描述性的 caption，这让 Sora 能够更忠实地遵循生成视频中用户的文本指令。最令人振奋的是它还支持长文本，这一点也是 OpenAI 独有的优势。

Sora 对语言理解的能力，从其生成的视频中可见一斑。比如在技术报告中展示的一些拟真视频，一位老人穿着各种衣服在南极洲的美丽落日下散步的不同短视频，还有各种卡通玩具拟人化地走在各种场景里。虽然卡通玩具与模拟的真实世界的环境有些割裂感，有时候还会飘浮在空中走路，有些滑稽，但是根据视频旁边提供的描述词来看，视频对提示词的理解完整而到位。

Sora 不仅支持文本生成视频，还可以用一张图片生成视频，并且对于视频中的小细节处理得非常好。就拿"一只戴着黑色贝雷帽的柴犬"这张图片来说，通过 Sora 生成的视频里，柴犬的动作自然流畅，不管是扭头、眨眼还是抖耳朵，每一个神态和动作都与现实中的柴犬毫无二致，十分逼真。

不过 Sora 作为视频模拟器也有许多局限性，比如长时间样本中出现的不连贯性或对象的自发出现等。当然，随着 AI 技术的日新月异，我们相信它一定能制作出完美视频。

第六章

AI 数字人

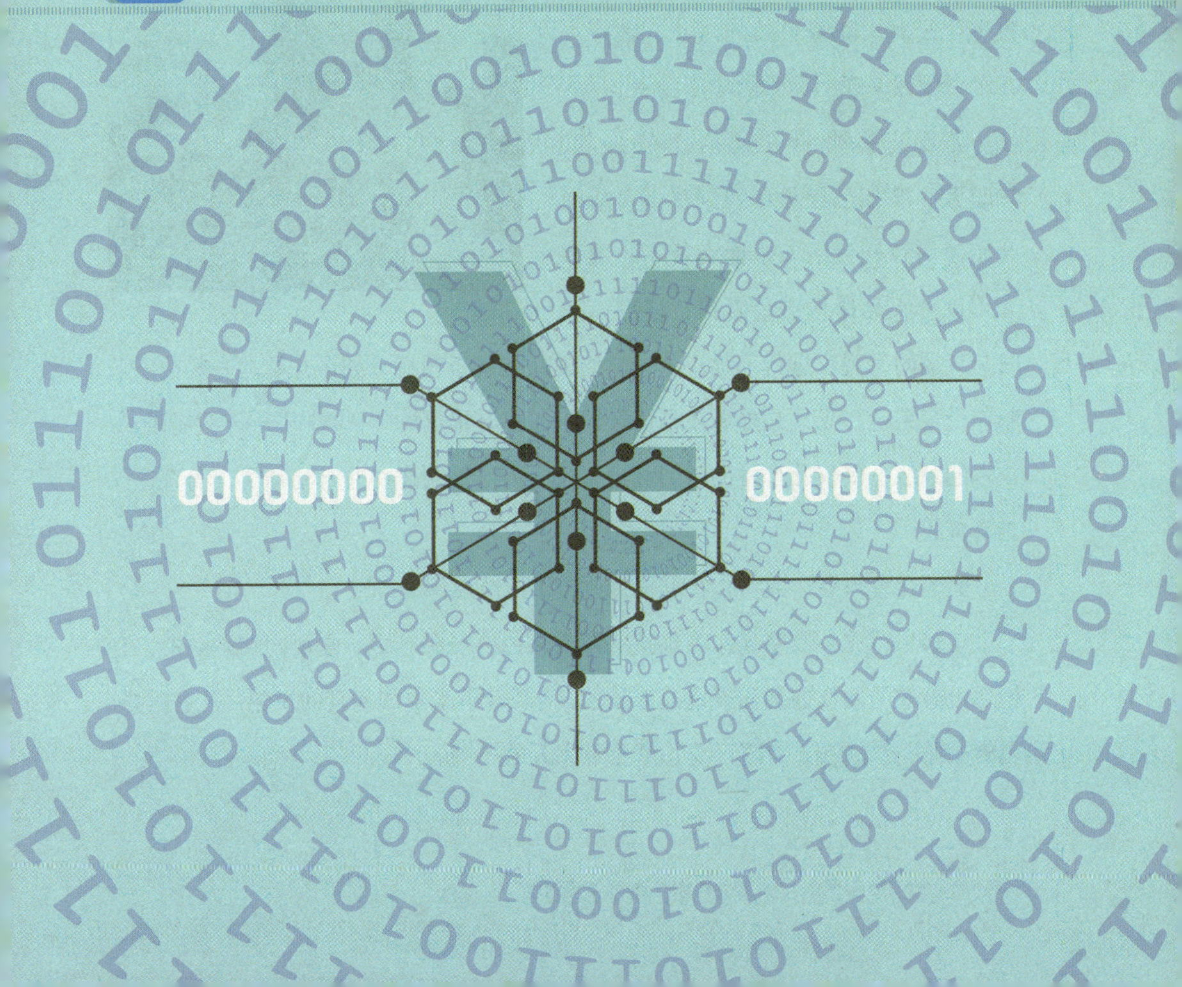

什么是数字人，及数字人的应用场景

数字人，顾名思义，是指通过数字化技术创造的虚拟人物。它们可以是完全虚构的角色，也可以是对真实人物的数字化复制。随着科技的进步，数字人在多个领域展现出优秀的应用潜力。

随着直播带货在网络上的兴起，2023年，我们已经可以看到很多直播间开始使用各种数字人主播卖货了。数字人可以全天无休地进行直播，还可以随时与直播间的观众进行互动。不过它们的缺点也很明显，如最开始的一些数字人制作得较粗糙，无论是外形还是语音播报，都有很重的"机械味"。不过随着AI技术的升级，仅仅几个月的时间，很多数字人已被制作得非常精巧了，简直让人难辨真假。

除了在直播界，数字人在其他行业也被广泛应用。

在娱乐行业，数字人作为虚拟偶像或角色出现在电影、电视剧和游戏中，它们通过高效的动作捕捉和表情模拟技术，为观众带来更加逼真的视觉体验。例如，电影《阿凡达》中的"纳美人"，就是数字人的一种。

教育领域也迎来了数字人的加入。它们能够模拟教师的角色，进行在线教学和辅导。

在虚拟展览和虚拟旅游方面，数字人担任了导游的职务，可以引导用户参观虚拟博物馆、虚拟展览或虚拟旅游景点，让一些不方便出行的人可以足不出户地体验远方的风土人情。

此外，在医疗健康领域，数字人可以用于模拟病患症状，帮助医生进行诊断训练，或者作为健康顾问，提供日常健康管理建议。

数字人的发展还处于起步阶段，但它们的应用前景无疑是广阔的。随着技术的不断完善，数字人可能会在更多领域发挥重要作用，成为人类生活和工作中不可或缺的伙伴。

数字人分类及常见的平台

数字人分类

数字人根据其功能、技术手段及应用场景的不同可以被分为多种类型。从技术实现角度来看，目前的数字人有的侧重于 AI 算法驱动，有的则依赖动作捕捉和 3D 建模；从应用形式上，数字人平台可以划分为娱乐型、服务型、教育型等，具体如下。

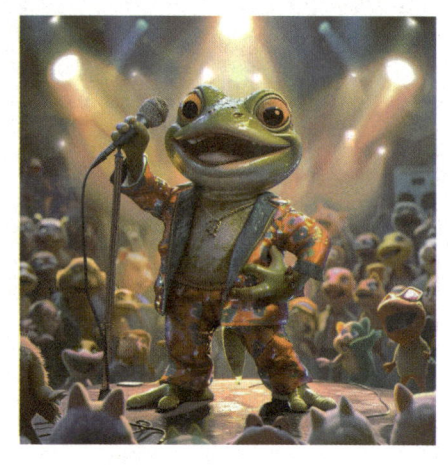

- **虚拟主播与新闻播报**：这类数字人用于新闻播报、天气预报等场景。它们能够模拟真实主播的语音和面部表情，提供 24 小时的新闻服务。

- **虚拟客服与助手**：这类数字人可以在客服中心、在线聊天窗口等场合担任虚拟客服角色，通过自然语言处理技术与用户进行交互，解答问题。

- **虚拟教育与培训**：在教育领域，数字人被用作虚拟教师或讲师，广泛应用于在线课程、培训视频等，为学生提供个性化的学习体验。

- **虚拟娱乐与社交媒体**：这类平台允许用户创建个性化的虚拟形象，用于社交媒体、游戏、虚拟世界等娱乐场合，增强互动性和趣味性。

- **虚拟企业形象与品牌代言**：企业可以利用这类平台创建品牌代言人或企业形象大使，用于广告宣传、产品展示等商业活动。

常见的国内外的数字人平台

- **HeyGen**：一款创新的 AI 视频制作工具,允许用户通过输入文本,实现数字人视频形象生成,非常适合普通人快速制作代言人或数字人视频。
- **万兴播爆**：AIGC "真人"短视频工具,结合 AI 数字人、场景模板和智能脚本,提高短视频创作效率。
- **讯飞智作**：作为科大讯飞旗下的产品,是国内领先的数字人平台,提供 AI 虚拟人主播和虚拟数字人视频制作服务,支持多语种配音和形象定制。
- **腾讯云智能数智人**：利用先进的 AI 技术,如语音交互和虚拟形象模型生成等,实现了唇形、语音同步和表情动作拟人效果。它广泛应用于虚拟形象播报和实时语音交互,服务于多个行业如媒体、教育和会展。
- **微软小冰**：作为微软全球最大的 AI 独立产品研发团队孵化出的产品,小冰提供了众多虚拟人物,包括虚拟名人、虚拟男(女)友,以及垂直场景中的虚拟员工和专家等。同时,它还提供"AI 数字员工"产品线,包括形象定制、内容生成和多模态交互等功能。
- **Synthesia**：国际知名的数字人平台,支持多语种的视频制作,可以创建多语种虚拟头像,适用于企业培训、教育课程等多种场景。
- **DeepBrain AI**：专注于创建逼真的虚拟人物,主要服务于媒体、教育和企业传播等领域。
- **Rephrase.ai**：提供个性化视频信息服务,通过虚拟人物加强品牌与客户的连接。

除上述几个平台外,还有许多数字人平台,如国外的 Epic Games 的 MetaHuman Creator 工具,它能够创建高级别的数字人类,被广泛应用于游戏和电影产业;国内"完美世界"推出的"完美数字人"则是集成了多种技术打造虚拟角色的平台,被应用于游戏和在线娱乐。

随着技术的发展,一些专注于特定功能的数字人平台也在不断涌现。例如,提供虚拟客服服务的平台,以及专注于教育应用、能够进行在线教学和辅导的数字化教育平台。这些平台以高度定制的服务和技术,为各行各业带来了一场新的革新浪潮。

# 数字人的制作方式

数字人根据呈现形式和交互能力分为三大类：图片数字人、互动数字人和真人数字人。

1. 图片数字人

图片数字人主要是指通过计算机图形技术创建的虚拟形象，通常用于广告、品牌代言和社交媒体推广。例如，一些时尚服饰品牌会创建虚拟模特来展示服装，这些虚拟模特不仅能够无限变换造型，还能吸引年轻消费者的注意力，从而提高品牌的市场竞争力。通过训练，AI 能够自主生成具有真实感的面部表情，这种技术被称为"AI 生成面部"。这种技术使得图片数字人的拟真度更上一层楼，同时也减少了人工绘制的工作量，提高了效率，降低了成本。

2. 互动数字人

互动数字人注重与用户的实时互动。这类数字人通常结合了自然语言处理和机器学习技术，能够理解并回应用户的问题。在客户服务领域，互动数字人可以作为虚拟客服，提供 24 小时在线服务，提升用户体验并提高用户满意度。

3. 真人数字人

真人数字人，是利用 AI 技术将真实人物的形象、动作、语音等特征进行数字化处理，生成的虚拟数字人，这种数字人相当于拥有真实人类特征的真人数字化"复制品"。这种数字人可以用于各种场合，如虚拟主播、在线教育、虚拟会议等。定制 AI 数字人也很简单，只需要录制一段高清的视频，并传到相关网络

平台进行克隆，再投喂训练资料和推理资料，最后就可以由 AI 生成高度拟真的 AI 数字人了。

不同的制作方式有着各自的优势和局限性，选择哪种方式取决于制作目的和预算。未来，随着技术的不断进步，数字人的制作方式将更加多样化，也将更加便捷和高效。

4. 数字人变现案例

（1）图片数字人变现案例

在网上有一名博主分享了自己利用图片数字人变现的案例。这位博主在 2023 年下半年开始做一个抖音号，账号主人就是利用 AI 生成的图片数字人——一位可爱的小和尚，分享的内容也是结合 ChatGPT 生成的文案。短短一周的时间，博主的账号就涨粉四十多万。如此多的粉丝，轻易就可实现流量变现。

（2）真人数字人变现案例

真人数字人变现的案例就更多了。打开一些自媒体平台，就会发现很多讲解历史故事或者评论时事新闻的博主就是利用真人数字人在做视频播报。这样做，不仅可以省下各视频拍摄器材的钱，还能紧跟时事，高效率地生成各类视频，从而获得超高的点击率。而一些网站会根据视频的播放率给博主进行流量分成，可想而知，这些博主轻轻松松就利用真人数字人进行了变现。

（3）互动数字人变现案例

互动数字人主播依靠 AI 全网络爬取各类知识，再通过 AI 程序读取直播间评论，并对评论进行反驳，与直播间观众进行辩论。而他们的变现方式是通过"刷礼物插队"来获取收益。另外，在账号做了一段时间，积累了更多粉丝之后，还可以靠主页广告提成获利。

5. 数字人短视频变现的实操方式

数字人短视频变现的方式有很多，上面提到的小和尚的短视频是一种；另外还有一种是利用免费数字人技术批量制作带货视频，进行商品推广。具体操作步骤如下图所示。

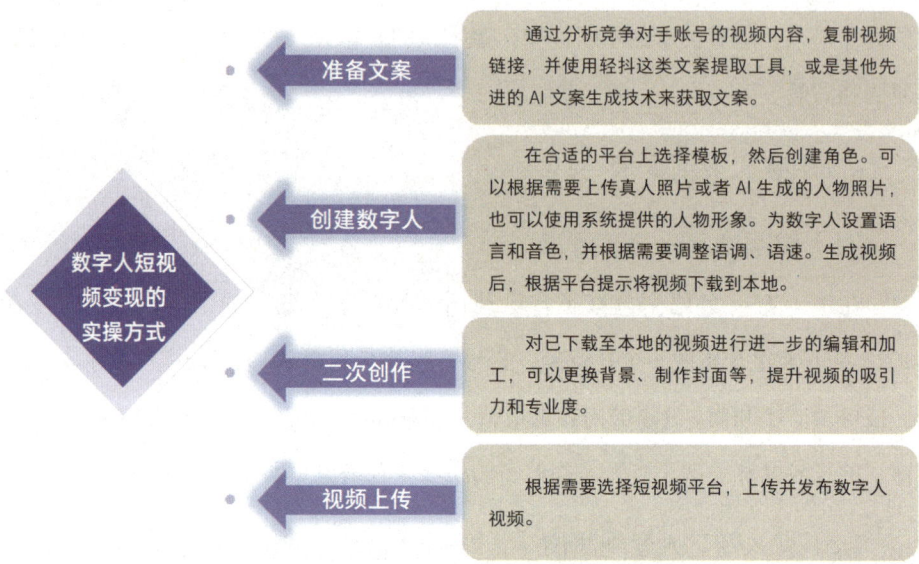

第七章

AI 电商

AI 拍摄

如果我们在浏览购物网站时，某个店铺的物品产品图像质量很差，一定会影响我们的购买欲望。这是因为劣质的产品摄影会降低顾客的信任度并削弱其购买欲望；相反，一张吸引人的产品照片，可以让一款商品爆火，创造销售奇迹。由此可见，在电子商务领域，产品拍摄的重要性不言而喻。

传统的电子商务产品照片拍摄工具就是相机、镜头、三脚架、补光灯、专业背景和布景道具等。拍完之后，还会使用各种图片编辑软件进行后期处理。那么，AI 能为产品拍摄带来什么呢？

在商品拍摄方面，AI 技术可以自动识别商品的轮廓和形状，调整商品的被拍摄角度，确保商品的每一个细节都能清晰展现。此外，AI 还能根据商品的类别和特性，智能选择合适的背景和光线设置，使得商品图片更加吸引人。对于大小电商来说，这意味着可以用更少的人力资源来进行更多的商品展示工作，同时确保每一件商品的展示效果都能达到最佳。

拍摄原图

AI 生成的商品展示图

在图像处理方面，通过深度学习模型，AI 能够学习大量的优秀商品图片样本，从而自动调整参数，进行智能颜色校正、去噪、锐化、自动裁剪、调整色彩平衡、去除背景等操作，生成专业水准的商品展示图。

AI 拍摄的应用极大地降低了商家的运营成本，提高了工作效率，同时也为消费者提供了更加丰富和精准的商品信息。随着技术的不断发展，未来的 AI 拍摄应用可能会更加智能化，甚至能够实时根据市场需求和消费者偏好，调整拍摄风格和内容，进一步提升电商竞争力和消费者的购物体验。

2 AI生成产品海报和场景图

商家在做某款商品的展示图或视频时，可能会遇到商品不太方便拍摄、没有实物，或者创意场景不好搭建等问题，但又急需产品图片，我们就可以借助 AI 进行产品图片的生成，比如 AI 模特换装、换场景，AI 模特假发试戴，家居 AI 场景图等。

打开我们手机上的购物 APP，仔细观察就不难发现，很多电商海报和 banner（横幅广告、条幅广告等）都有 AI 辅助设计的痕迹。比如每年电商的"双十一""6·18"活动，各类推广海报和活动相关的小游戏海报等都很吸睛，而这些海报很多都用到了 AI 绘画技术。设计师会使用 AI 绘画工具迅速生成海报元素或者背景图案，然后再进行元素组合、背景深化、字体排版等优化工作。

AI 生成的海报和场景图具有极高的速度与效率。传统设计海报和场景设计通常需要设计师花费大量时间进行构思、设计、修改和定稿，而 AI 则可以通过学习和分析大量数据，快速生成多样化的设计方案。这使得 AI 在设计领域具有显著的时间优势，能够迅速响应市场需求，满足快速变化的市场环境，绝不错过任何一个热点和销售节点。

以前 3 名设计师需要 3 周才能完成一套基础营销节点系列海报，在 AI 的辅助之下，仅需要 10 天就能完成；以前要制作一系列以科幻未来为主题的产品海报，光搭建一个虚拟科幻场景，就需要大量时间和金钱制作 3D 模型，不仅耗时耗力，最终呈现效果也不一定尽如人意，而有了 AI 辅助之后，恢宏的场景图就可以"一键生成"，快速又高效。

AI 生成的海报和产品场景图还具有更高的精准度和个性化。AI 可以根据目

由 AI 生成的不同场景图

标受众的喜好、需求和行为特征，进行精准的定位和设计，从而生成更符合市场需求的海报作品。此外，AI 还可以通过机器学习不断优化设计方案，提高设计作品的转化率和传播效果。这是传统设计海报难以企及的。

综上所述，AI 生成的产品海报具有速度、效率、创意、多样性、精准度、个性化和节省成本等多方面的优势。这些优势使得 AI 在设计领域具有巨大的潜力和发展前景。

AI 选品

在电子商务领域，选品是指商家根据市场需求、市场趋势和消费者偏好等因素选择要销售的商品。选品的优劣直接影响到电商平台的销售业绩和用户满意度。随着 AI 技术的发展，AI 已经成为帮助商家进行高效、精准选品的有力工具。

AI 用于选品主要依赖大数据分析、机器学习和预测模型等技术手段。这些技术可以分析历史销售数据、用户评价、搜索趋势和社交媒体上的热点话题，从而预测哪些产品在未来可能受欢迎。相较于人工选品，AI 选品筛选和对比的范围扩大了许多，得到的信息也更多、更细。

使用 AI 技术辅助选品，需要收集和整理大量的数据，包括商品的销售历史、用户行为、竞争对手信息以及行业趋势等。然后，利用 AI 对这些数据进行分析，识别出消费者的购买模式和偏好变化的规律。最后，AI 可以根据分析结果为商家提供选品建议，甚至自动进行选品决策。例如，AI 系统可能会发现某个特定

人群对某种款式的衣服有持续的购买行为，结合时尚趋势分析，AI 会推荐商家增加此类商品的库存。

此外，AI 还能够实时监控市场动态和消费者反馈，及时调整选品策略。这种灵活性使得商家能够快速响应市场变化，减少滞销风险。

不过，尽管 AI 在选品上具有巨大潜力，但它并不是万能的，商家还是需要以经验和市场情况来判断。同时，数据质量和模型的准确性也会影响到 AI 选品的效果，因此商家要不断优化数据输入和算法模型，以提高 AI 选品的准确性。

AI 数据分析

AI 数据分析在电商中的应用主要体现在以下几个方面。

● 消费者行为分析：AI 能够处理大量的用户浏览和购买数据，通过机器学习模型预测消费者的购买意向和喜好，帮助商家制定更精准的营销策略。

● 销售预测：AI 能够通过分析历史销售数据和市场动态，预测未来的销售趋势，也可以通过分析销售数据和季节性趋势，帮助商家制订合理的生产和库存计划，避免库存积压或缺货。

● 价格优化：AI 系统可以根据市场动态、库存情况和竞争对手定价策略，实时调整商品价格，吸引消费者的同时最大化利润。

● 客户服务：AI 聊天机器人可以提供全天候的在线客服服务，同时通过分析客户反馈和评价数据，帮助商家发现服务中的问题并及时改进，以提高客户满意度。

- **市场趋势分析**：AI能够分析社交媒体和网络评论，捕捉消费者的情感和意见，及时发现新兴的市场趋势和潜在的需求。
- **个性化推荐**：结合用户的历史购物数据和搜索习惯，AI可以提供个性化的商品推荐，从而提高用户转化率。

AI数据分析的强大之处在于其处理速度和准确性，能够从复杂的数据中提取有价值的信息，为电商决策提供数据支持。然而，AI分析的结果也需要人类的监督和解读，确保数据分析的正确性和应用的有效性。

5 AI 赋能跨境电商

AI 在跨境电商领域的实际应用

随着全球互联网的普及和电子商务的飞速发展，跨境电商已经成为一个不可忽视的商业领域。在这个领域，AI 的应用正在逐渐深入，发挥着越来越重要的作用。

1. 智能推荐

智能推荐是 AI 在跨境电商中应用最广泛的一个领域。基于大数据和机器学习算法，智能推荐系统能根据用户的浏览记录、购买历史和兴趣爱好等信息，为用户推荐最合适的商品。这不仅提高了用户的购物体验，还增加了商家的销售额。

2. 智能客服

智能客服是 AI 在跨境电商中的另一个重要应用，在上节有详细介绍，在此不再赘述。

3. 智能物流

智能物流是 AI 在跨境电商中的一个重要应用领域。通过智能物流系统，商家可以实时掌握货物的运输情况，提高物流效率，并降低运输成本。同时，智能物流还能够根据历史数据和预测模型，优化运输路线和仓储布局，进一步提高物流效率。比如我们使用的各种快递、物流，就是建设在智能物流的基础上的。

4. 智能支付

智能支付是 AI 在跨境电商中的一个应用方向。传统的支付方式需要用户输入复杂的支付密码或进行烦琐的验证，不仅降低了用户体验，也存在一定的安全风险。而智能支付则能够通过生物识别技术（如指纹识别、人脸识别等）或智能风险评估技术，实现快速安全的支付体验。例如，支付宝在国内的刷脸付款服务，就采用了生物识别技术，实现了快速便捷的支付体验。

除了上述四大应用领域，AI 在跨境电商领域还具备广泛的使用场景。例如，借助智能数据分析，商家能够更精确地洞察市场需求和消费者行为模式，从而制定出更具针对性的营销策略。同时，一些跨境购物平台也推出了自己的 AI 智能产品，比如，阿里国际站 AI 生意助手，不仅会智能发品、智能接待、智能分析，还能依托平台丰富的外贸数据积累，辅助商家生成更符合不同地区用户的专属商品文案、产品图，甚至是讲解视频。此外，AI 的多语言支持为跨境电商企业进军不同国家和地区的市场提供了便捷条件，为企业开拓了更广阔的发展空间。

第八章

AI 版权及合规性

文字内容

在前文中我们提到 AI 写作工具已经成为许多创作者的得力助手。它们能够在几秒钟内生成从新闻文章到小说、从诗歌到营销文案的各种文本内容。然而，这种便捷和效率的提高伴随着复杂的法律和道德挑战，尤其是在版权归属和合规性方面。

AI 写作工具工作的原始数据可能源于公共领域的作品，也可能来自受版权保护的材料。随着 AI 生成内容的逐渐增多，如何界定这些内容的版权归属成了一个突出的问题。在大多数情况下，AI 输出的内容被视为一种"派生作品"，但是这种分类在法律上仍然模糊不清，因为它涉及原作者的智慧成果和 AI 的算法处理能力。

《中华人民共和国著作权法》的核心目的之一是保护和奖励创造性劳动，鼓励文化和知识的进步。然而，当 AI 介入创作过程，如何判断作品的原创性变得更加复杂。AI 生成的文本能否享有版权，是否需要归属某个特定的创作者或是算法开发者，这些问题都需要在法律框架内仔细考量。

此外，随着技术的进步和普及，作者对于 AI 写作工具的依赖也日益增强。这不仅仅引发了关于版权的法律讨论，更触及更广泛的道德和哲学问题：我们如何看待由非人类智能创作的艺术和文学作品？它们在文化生产中扮演什么角色？这些问题的答案将深刻影响我们对知识产权和创作自由的理解。

在当前的法律框架下，AI 生成的内容的版权归属尚无明确的统一标准，这导致了不同国家和地区在处理此类问题时的法律实践存在显著差异。具体差异如下图所示。

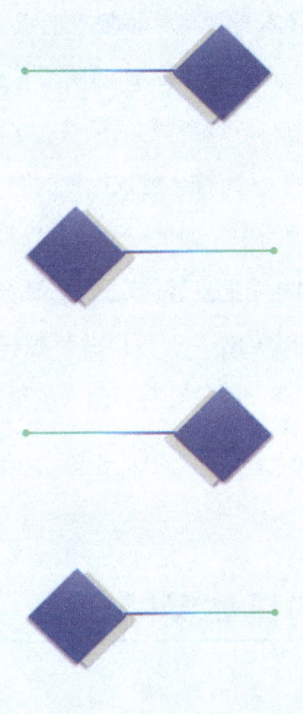

欧盟版权指令要求作品必须表达其作者的"个性",这意味着作品应当反映作者的个人选择和创意。这样的定义同样排除了独立由AI创作的作品获得版权的可能性。但是,如果AI作为一个工具在人类创作者的指导下被用来生成内容,那么最终的作品可能符合版权保护的标准。

在美国,根据版权法,只有"原创作品的作者"可以被授予版权。因此,由AI独立生成的作品通常不会被认为有资格获得版权保护,因为它缺少"人的创造性"。然而,如果AI生成的作品是在人类的指令和详细指导下完成的,人类提供的创造性输入可能使得成果获得全部或部分版权保护。

在亚洲,各个国家,尤其是中国和日本,都正在积极探索如何在现有的法律框架内解释和适应AI生成内容的版权问题。例如,我国已经在某些情况下承认了AI作为合作创作者的地位,但具体标准和实践仍在发展之中。

国际上还存在一些尝试性的立法和议案,旨在澄清何种程度的人类参与足以将AI生成的作品视为受版权保护的创作。

尽管全球范围内的法律差异较大,但共识正在逐渐形成:当AI在创作过程中仅仅作为操作工具,而关键的创造性决策由人类做出时,这些作品可能能够获得版权保护。这种观点既保护了创作者的劳动成果,也符合著作权法的基本宗旨。

1.1 AI 与创造性标准

在探讨AI生成内容是否具有创造性之前,我们需要理解"创造性"这个概念。在著作权法中,创造性通常指的是作品显示出一定程度的原创性和独创性。这意味着作品不能仅仅是对现有事物和作品的简单复制,而应该包含作者独特的创意或个人印记。

问题的复杂性在于，AI 本身并不具备独立的意识或主观意图，它输出的是基于算法和系统中的数据。然而，如果 AI 的使用者或程序员在创作过程中施加了明显的个人创造性影响，比如设定特定的风格、主题或结构，那么生成的内容可能就展示出足够的创造性，从而符合版权保护的要求。

例如，在一个 AI 写作项目中，如果一位作家以其特定的方式指导 AI 创作一篇文章，这篇文章在风格和结构上显著体现了作家的个性，那么这篇作品就可能被认为是反映了作者个性的原创作品，可以获得版权。反之，如果 AI 程序仅根据一般指令自行生成一篇文章，而没有明显的人类创造性活动介入，则这篇文章可能不符合创造性标准，因此不具备版权保护。

1.2 避免侵权的具体策略

在使用 AI 辅助写作时，尊重和保护版权是至关重要的。避免侵权并合法使用 AI 生成内容，用户需要采取一系列措施。以下是几个关键的策略，可以帮助用户在享受 AI 技术带来的便利的同时，有效避免潜在的法律风险。

● 了解并遵守版权政策：在使用任何 AI 写作工具之前，仔细阅读和理解该工具的版权政策和用户协议。这一步骤是至关重要的，因为它能帮助用户了解哪些使用方式是被允许的，哪些则可能触犯著作权法。

● 使用版权清晰的数据：当输入数据用于训练 AI 或生成内容时，确保这些数据来自公共领域或者已获得授权。这一措施可以减少因数据来源不明而引发的版权问题。

● 增强内容的原创性：鼓励用户在 AI 生成的基础上添加个人的创造性修改，增加独创性内容，可以帮助作品满足版权保护的创造性标准。

● 合理使用和引用：如果 AI 生成的内容包含或参考了现有的版权作品，应当适当引用原作品，并严格遵循"合理使用"原则。这包括但不限于：不超过法律规定范围的引用，明确标注出处，以及确保使用方式对原作品市场影响不大等。

● 进行彻底的内容审核：在发布 AI 生成的内容之前，进行彻底的审核是非常重要的。这一步可以帮助识别并移除可能的侵权内容，确保发布的作品不会侵犯他人的知识产权。

● 教育和培训：定期对使用者进行著作权法的教育和培训，提高他们的版权意识，使其在使用 AI 写作工具时更加自觉和谨慎。

通过实施这些策略，用户不仅可以有效避免侵权风险，还可以在尊重原创作者权益的前提下，充分利用 AI 技术的创新潜力。同时，这也有助于打造一个更加健康和可持续的创意生态系统。

AI 图像

2.1 AI 绘图与创造性标准

探讨 AI 图像是否具有版权保护的一个关键因素，是判断这些内容是否达到了所谓的"创造性标准"。根据大多数著作权法，创造性标准通常指的是作品必须表现出一定程度的独创性和创新，而不仅仅是技术性的复制或自动化产出。

对于 AI 生成的图像创造性的判断相当复杂。因为 AI 程序本身是由人类编程创造的，但 AI 生成的图像则是通过学习大量数据和算法自动生成的。那么，当一个 AI 系统创造出一个新图像时，我们可以说这个图像是具有创造性的吗？答案取决于多个因素。

● 原创性来源：如果 AI 生成的图像在视觉表达上具有独到之处，或者与训练数据显著不同，那么它更可能被认为是具有创造性的。例如，如果 AI 结合了多种风格或元素创造出一个全新的绘画角色，这种作品可能会被视为具有创造性。

● 人类作者的介入程度：人类创作者的角色也非常关键。如果人类对 AI 的创作过程进行了显著的指导和选择，比如设定特定的参数或选择特定的风格，那么这些图像更具有创造性。

● 技术的独创性：有时候，即使生成的图像本身可能看起来并不特别有创意，但使用的技术或算法本身的创新也可能使得整个作品被认为是具有创造性的。

在法律上，不同国家对于 AI 创作的版权保护态度各异，要判断一个 AI 图像是否具有创造性，我们需要综合考虑以上因素。随着技术的发展和法律的逐步完善，这些标准和解释也可能会继续发展变化。

2.2 避免 AI 图像侵权的具体策略

在使用 AI 图像生成技术时，避免侵犯版权和其他相关法律是非常重要的。为此，用户和开发者应遵循以下几个实用的策略和建议，以确保合法、道德地使用这项技术。

- **进行版权审查**：在使用 AI 生成的图像前，进行详细的版权审查是关键。这意味着需要检查图像中的所有元素，确保它们不侵犯任何已知的版权或商标权。

- **适当获取授权**：对于基于或包含受版权保护的材料生成的图像，必须从原版权所有者那里获取明确的授权，确保所有使用的数据在合法范围内，尤其是在使用商业图像库或其他在线资源时。

- **透明度和信用归属**：在公开展示或使用 AI 生成的图像时，公开声明图像的 AI 生成来源是一种维护知识产权的良好实践。这不仅增加了 AI 技术使用的透明度，也是对技术本身的认可。如果可能，还应给予技术提供者或相关数据集适当的信用归属。

- **遵守法律和行业指导**：当地和国际的版权法律及相关的商业使用规定是必须遵守的，特别是在跨国和跨文化的应用场景中。

- **道德和文化考量**：在使用 AI 图像时，考虑涉及的道德和文化问题也同样重要。例如，避免使用 AI 技术制作可能引起争议或不尊重的图像，尊重不同文化和社会的价值观和法律。

通过采取这些措施，用户和开发者可以在享受 AI 图像生成技术带来的便利的同时，最大限度确保尊重和保护创意工作者的版权和合法权益。

2.3 未来展望

随着 AI 图像生成技术不断进步，未来我们可能会见证更加精细和真实的虚拟图像，艺术将以前所未有的方式与我们的日常生活交织在一起。但技术的飞速发展也带来了新的挑战，特别是在道德和法律领域。我们必须仔细考虑如何处理这些由 AI 创造的图像的版权问题，以保护创作者的权益，同时也要确保用户的隐私不被侵犯。此外，随着 AI 技术的全球化应用，确保法律和规章在不同国家之间的一致性变得尤为重要。

同时，提高公众对这项技术的潜力和它对知识产权的挑战的认识也同样重要。只有当更多人理解并负责任地使用这些工具时，我们才能充分利用它们推动社会和文化的进步。作为 AI 的使用者和开发者，我们有责任确保 AI 技术的发展能够造福社会，而不是成为新的问题源头。

其他常见风险点

在 AI 技术不断进步的同时，我们必须正视其带来的一系列风险点，这些风险不仅涉及法律层面，还包括道德伦理、社会责任等多个维度。

1. 合规性基本要求

合规性是 AI 应用的基石。以数据保护法为例，随着个人信息的价值日益凸显，如何合法、合规地处理数据，成为 AI 领域的关键议题。欧盟的 GDPR（通用数据保护条例）为个人数据的处理设定了严格的标准，若违反这些标准，可能会导致高达全球年营业额 4% 的罚款。因此，在应用 AI 时，必须建立严格的数据治理框架，确保数据的收集、存储、处理和共享都符合法律法规的要求。

此外，AI 技术在不同国家和地区的合规要求也存在差异，企业或个人需要针对不同市场的法律法规进行适应和调整。例如，面部识别技术在美国和欧盟的监管环境就截然不同，企业在应用该技术时必须充分考虑这些差异。

2. 道德考量

AI 的道德问题同样不容忽视。AI 算法的决策过程往往缺乏透明度，这被称为"黑箱"问题。如果 AI 系统在没有充分解释的情况下做出重要决策，比如信贷审批、招聘筛选、司法判决等，就可能引发公众信任危机，甚至引发法律诉讼。

此外，AI 算法还可能放大训练数据中的偏见，导致歧视性结果。例如，如果一个招聘 AI 系统的训练数据中存在性别偏见，那么它可能会倾向于选择某一性别的候选人，这不仅不公平，而且违法。因此，开发者在设计 AI 系统时，必须采取措施减少偏见，提高算法的公正性和可解释性。

3. AI 的负面影响及其应对

AI 技术的负面影响也不容忽视。AI 可能导致大规模失业，尤其是对于那些重复性和低技能的工作。此外，AI 的滥用还可能威胁到个人隐私和国家安全。

个人在面对 AI 的负面影响时，可以通过持续学习和提升自身技能来增强适应性。但是，在面对 AI 负面性的同时，我们也应该看到，随着 AI 技术的发展，市场对于理解 AI、能够与 AI 协作的人才的需求不断增长。个人可以通过在线课程、专业认证等方式，不断学习 AI 相关的知识和技能，提高自身的市场竞争力。

同时，个人也应该提高对数据隐私的认识和保护意识。在 AI 时代，个人数据的价值日益凸显，因此学会如何安全地分享和管理个人信息变得尤为重要。此外，通过参与社区活动、公共论坛或在线讨论，个人可以表达自己对 AI 技术的看法和关切，为 AI 的伦理和合规性问题贡献自己的力量。

结 语　　迈向 AI 赋能的未来

我们已经读过了本书的每一章，从日常工作到商业策略，从创意写作到图像视频，每一个章节都揭示了一个事实：AI 技术为普通人提供了无限的可能。

我们从基础技能开始，详细了解了如何通过增强思维能力，利用提示词和常用 AI 工具等来提升个人能力、提高商业效率，也深入探讨了在办公、业务、写作、绘图、视频、数字人，以及电商等多个领域中 AI 的实际应用和创造力，提供了关于使用 AI 赋能提效、增加创收的实用建议。

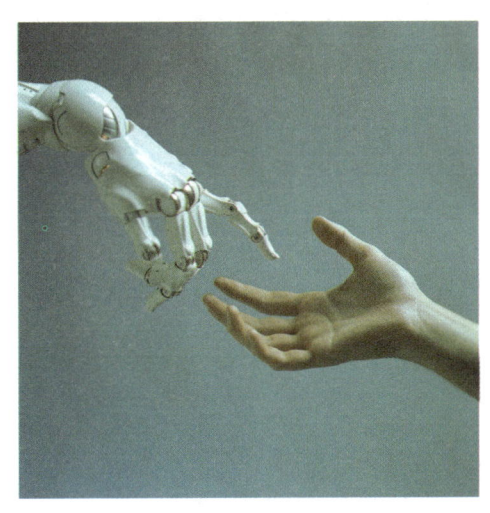

在这个日新月异的科技时代，AI 不再是遥不可及的未来，它已经融入了我们日常的生活，也正潜移默化地改变、重塑着我们的学习和工作方式。无论我们是学生、职场人士，还是创业者，只需要掌握 AI 的使用方法，并在日常工作和生活中大胆运用它们，就能够更好地提高自己的生产力，在自己擅长的领域创造更大价值，甚至实现收益增长。

未来的成功，不再是仅属于技术专家的领地，而是属于每一个勇于尝试、拥抱变化的普通人。

本书只是引领读者踏上 AI 之旅的起点，在这个 AI 飞速发展的时代，技术在不断进步，新工具层出不穷，我们每个人都站在一个崭新的起点上。

AI 的未来拥有无限可能，每一项全新的技术突破与应用拓展，都将衍生出前所未有的挑战与机遇。因此，想要在这个新兴的领域找到自己的位置，需要我们保持开放的心态，勇于探索，不断学习最新的 AI 技术，让 AI 成为我们在日常生活、学习和工作中的得力助手，从而极大提高效率，一步一步实现我们的目标。在这个过程中，你一定会遇到未知的挑战，但这些挑战也意味着更多的成长机会。向前走，用 AI 赋能自己的未来，你终会找到属于自己的成功之路。

最后，希望每一位读者都能在日常生活中勇于尝试新的方法和 AI 工具，不断提高自己的效率和产出，并深入探索 AI 的无限潜力。

愿所有读者都可以在这个新时代中勇敢拥抱科技，充分利用技术带来的优势，开拓出更为广阔的发展天地，在 AI 的浪潮中抓住机遇，赢得属于自己的辉煌成就。